Hippolyt Haas

Deutsche Nordseeküste

Friesische Inseln und Helgoland

Hippolyt Haas

Deutsche Nordseeküste

Friesische Inseln und Helgoland

ISBN/EAN: 9783954272303
Erscheinungsjahr: 2012
Erscheinungsort: Bremen, Deutschland

© maritimepress in Europäischer Hochschulverlag GmbH & Co. KG, Fahrenheitstr. 1, 28359 Bremen. Alle Rechte beim Verlag und bei den jeweiligen Lizenzgebern.

www.maritimepress.de | office@maritimepress.de

Deutsche Nordseeküste

Friesische Inseln und Helgoland.

Von

Professor Dr. H. Haas

Mit 166 Abbildungen nach photographischen Aufnahmen
und einer farbigen Karte.

Bielefeld und Leipzig
Verlag von Velhagen & Klasing
1900

Inhalt.

Abb. 1. Helgoland. Unterland und die Düne.
(Nach einer Photographie von F. Schensky in Helgoland.)

Abb. 2. Strand von Wyk auf Föhr.
(Nach einer Photographie von Waldemar Lind in Wyk auf Föhr.)

Deutsche Nordseeküste.

Thalatta, Thalatta!
Sei mir gegrüßt, du ewiges Meer!
Sei mir gegrüßt viel tausendmal
Aus jauchzendem Herzen,
Wie einst dich begrüßten
Zehntausend Griechenherzen,
Unglückbekämpfende, heimatverlangende,
Weltberühmte Griechenherzen.

Sei mir gegrüßt, du ewiges Meer,
Wie Sprache der Heimat rauscht mir dein Wasser,
Wie Träume der Kindheit seh' ich es flimmern
Auf deinem wogenden Wellengebiet. —

(H. Heine.)

I.

Allgemeines.

Thalatta, Thalatta!

Gekannt hatte ich ihn zwar schon von meinen Schülerzeiten her, den Freudenruf der Zehntausend, die nach langem Umherstreifen in der Fremde den wogenden Ocean wieder erblicken durften. Gekannt wohl, aber nachempfunden? Nein! Man wird's wohl bei den Tertianern einer Gelehrtenschule in einer weit von den Gestaden der See belegenen Binnenstadt verzeihlich finden, daß ihnen das nötige Verständnis für den Jubelschrei der griechischen Söldner und noch für sonstige andere Schönheiten in des Xenophon Anabasis gemangelt hat. Das lag so in der Natur der Sache, und die Gründe dafür mögen hier besser nicht erörtert werden.

Viele Jahre später aber, an einem hellen und sonnigen Junimorgen, sollte mir dieses Verständnis für den Erlösungsruf des umherirrenden Griechenvolkes desto gewaltiger aufgehen, und sicherlich mit nicht geringerer Ergriffenheit, als des jüngeren Cyrus Waffengefährten sie vor Zeiten hinausgeschmettert haben in die schöne Gottesnatur, hat auch mein Mund damals die Worte hervorgestammelt: „Thalatta, Thalatta!"

Auf den Höhen des roten Kliffs bei Wenningstedt auf der Insel Sylt ist's gewesen, als ich zum erstenmal die brausende Nordsee erblickte (Abb. 3). In meinem Leben habe ich viel Schönes gesehen und manches herrliche Landschaftsbild im Norden und

1*

Süden, im Westen und Osten bewundert. Nichts aber von dem allem hat mir jemals wieder einen so großartigen Eindruck gemacht, nichts meine Sinne wieder in solchem Maße gefangen genommen, als diese meine erste Bekanntschaft mit dem brandenden und tosenden nordischen Meere. Noch ebenso lebendig, als ob es gestern gewesen wäre, steht heute, nach mehr als zwanzig Jahren, jenes herrliche Bild in meiner Erinnerung. Vor mir am Rande des steil wie eine Mauer abfallenden Kliffs die stark bewegte, wild aufschäumende See, zu meinen Füßen das lang dahingestreckte, wie ein Schild gegen den unermeßlichen Ocean vorgeschobene Eiland mit seinen weiß schimmernden Dünenketten, seinen freundlichen Dörfern und seiner braunen Heide, im Norden die klargezeichnete Insel Röm, tief am südlichen Horizont der Leuchtturm von Amrum und die Umrisse von Föhr, und hinter mir die grauen, schlammigen Fluten des Wattenmeeres, begrenzt im fernen Osten von der nur leicht angedeuteten Küstenlinie Schleswigs. Und das alles beschienen von der warmen Sonne eines schönen nordischen Sommertages, während um mich herum die Bienen summten und die Möven in den Lüften umherflogen, fürwahr ein Bild, an dem sich mein schönheitstrunkenes Auge nicht genugsam satt sehen konnte! Ganz im fernen Westen aber, auf den Wellen schaukelnd und nicht größer als wie Nußschalen erscheinend, die rauchenden und hochmastigen Panzerkolosse unserer zu jenen Zeiten noch in ihren Kinderschuhen steckenden deutschen Flotte, die auf einer Übungsfahrt in den heimischen Gewässern begriffen waren.

Nichts von der leuchtenden Farbenpracht, welche den blauen Spiegel des Mittelmeeres verklärt, nichts von der Lieblichkeit und Anmut der vom Schatten der Buchenwälder und vom schwellenden Grün der Wiesen umrahmten Ostsee zeigen die Gestade des nordischen Meeres. Grau in grau, nur selten unbewegt und meist gepeitscht von schäumenden Wellen liegt es da. Keine großen Städte, keine üppigen Fluren spiegeln sich in seinen Fluten, allein der von einer dünnen Grasnarbe bewachsene Deich oder der blinkende weiße Sand der Dünen rahmen seine weiten Ufer ein. Eine gewisse Öde und Einförmigkeit schwebt auf dem Wasser, aber eine Öde und Einförmigkeit,

welchen der Stempel der Erhabenheit und Gewaltigkeit aufgeprägt ist. Wie ein überirdischer Schimmer, wie ein mystischer Schleier liegt's über dem Gebrüll und Getobe der Nordseewellen. Freilich, die menschliche Sprache ist zu arm, um das in Worten ausdrücken zu können, aber die Tonkunst vermag's. Einer ihrer größten Meister hat es fertig gebracht, den Zauber, den die Nordsee auf ihren Beschauer ausübt, in Töne zu bannen: Richard Wagner in den gespensterhaften Akkorden seiner Einleitung zum Fliegenden Holländer. Ob sie mit ihrer wellendurchfurchten Fläche im Sonnenschein daliegt, ob das scheidende Abendrot sie rosig erglühen läßt, oder ob aus schwarzer Wolkenwand der zackige Wetterstrahl rasch aufleuchtet über das wüste, wogende Wasser, wenn der Donner weithin rollt und des Boreas weiße Wellenrosse dahinspringen, die Nordsee bleibt sich doch immer gleich in ihrer eigenartigen Pracht, ein Abglanz der Unendlichkeit und der Allmacht Dessen, der sie ins Dasein gerufen hat.

Goethe hat einmal gesagt: „Das freie Meer befreit den Geist." Wohl auf wenige Stellen auf unserem Planeten dürfte dieses Wort bessere Anwendung finden, als auf dasjenige Gebiet, dessen Beschreibung dieses Büchlein gewidmet ist. Die Unbeugsamkeit und der Freiheitsdrang des steifnackigen Friesenvolkes, das seine Wohnplätze an den Ufern der Nordsee hat, sie sind zweifellos Produkte jenes fortgesetzten und harten Kampfes, den es seit mehr denn zweitausend Jahren mit den wilden Meeresfluten um seine Heimat führen mußte. Denn nur durch unausgesetzte Anstrengungen sind die Bewohner der Nordseeküste im stande gewesen, das ihnen von der Vorsehung angewiesene Land dem Meere abzugewinnen und dasselbe vor dem Untergang zu bewahren.

Deus mare, Friso litora fecit,

so lautet ein alter stolzer Spruch des friesischen Stammes. Seine Richtigkeit werden wir im Verlaufe der nun folgenden Schilderungen kennen lernen, zugleich aber auch die Wahrheit der Verse vom alten Vater Homer:

Denn nichts Schrecklicheres ist mir bekannt, als die Schrecken des Meeres.

Ist doch die Nordsee zugleich auch eine Mordsee!

II.
Etwas von der Nordsee.

„Das Meer ist der Raum der Hoffnung
Und der Zufälle launisch Reich;
Wie der Wind mit gedankenschnelle
Läuft um die ganze Windesrose,
Wechseln hier des Geschickes Lose,
Treibt das Glück seine Kugel um;
Auf den Wellen ist alles Welle,
Auf dem Meer ist kein Eigentum.“

(Schiller.)

Unter allen Meeres-
räumen unserer Erde
nimmt die Nordsee
insofern eine Aus-
nahmestellung ein, als
ihre Grenzen genau
so wie die politischen
Areale der civilisier-
ten Welt auf diplo-
matischem Wege ver-
einbart und festgesetzt
sind. Das ist in dem
internationalen Ver-
trage zu Haag gesche-
hen, der am 6. Mai
1882 von den sechs
Nordseemächten:
Deutschland, Groß-
britannien, Frank-
reich, Belgien, den
Niederlanden und Dä-
nemark über die poli-
zeiliche Regelung der
Fischerei in der Nord-
see außerhalb der
Küstengewässer abge-
schlossen wurde.

Nach den Bestim-
mungen dieses Ver-
trages werden die
Grenzen der Nord-
see gebildet:

im Norden: durch den
61. Grad nördl.
Breite,

im Osten und im
Süden:

1. durch die norwegische Küste zwischen
dem 61. Grade nördl. Breite und dem
Leuchtturm von Lindesnäs (Norwegen),
2. durch eine gerade Linie, die man sich
von dem Leuchtturm von Lindesnäs
(Norwegen) nach dem Leuchtturm von
Hanstholm (Dänemark) gezogen denkt,

3. durch die Küsten Dänemarks, Deutsch-
lands, der Niederlande, Belgiens und
Frankreichs bis zum Leuchtturm von
Gris Nez (Frankreich);

im Westen:

1. durch eine gerade Linie, die man sich
vom Leuchtturm von Gris Nez (Frankreich) nach dem östlichen Feuer von

Abb. 3. Rotes Kliff bei Wenningstedt.
(Nach einer Photographie von Bernh. Lassen in Westerland-Sylt.)

South Foreland (England) gezogen
denkt,
2. durch die Ostküsten von England und
Schottland,
3. durch eine gerade Linie, welche Dun-
cansby Head (Schottland) mit der
Südspitze von South Ronaldsha (Orkneyinseln) verbindet,

Abb. 4. Rettungsstation „Borkum Süd".
(Nach einer Photographie von Wolfram & Co. in Bremen.)

55° 17' nördl. Breite. Der südlichste Punkt der deutschen Nordseeküste ist zugleich der südlichste des deutschen Dollartufers, da, wo die deutsche Westgrenze den Dollart erreicht, an der Mündung des Grenzflüßchens zwischen Deutschland und Holland, der Westerwoldschen Aa, und befindet sich unter 7° 13' östl. Länge und 53° 14' nördl. Breite. Als der östlichste Punkt präsentiert sich Meldorf in Ditmarschen unter 9° 2' östl.

4. durch die Ostküsten der Orkneyinseln,
5. durch eine gerade Linie, welche das Feuer von North Ronaldsha (Orkneyinseln) mit dem Feuer von Sumburgh Head (Shetlandinseln) verbindet,
6. durch die Ostküsten der Shetlandinseln,
7. durch den Meridian des Feuers von North Unst (Shetlandinseln) bis zum 61. Grad nördl. Breite.

Der deutsche Anteil der Nordseeküste gleicht in seiner Grundform einem rechten Winkel, dessen Scheitel etwa bei Brunsbüttel an der Elbe zu suchen ist, und dessen beide Schenkel gleiche Länge besitzen, und einerseits bei Borkum, andererseits bei Hvidding in Nordschleswig endigen. Ihr westlichster Punkt ist die Westspitze der äußersten der ostfriesischen Inseln, des Eilands Borkum, der unter 6° 40' östl. Länge und 53° 35' nördl. Breite liegt, ihr nördlichster ist da zu suchen, wo die deutsch-dänische Grenze zwischen dem dänischen Grenzorte Vester-Vedstedt und dem deutschen Dorfe Endrup bei Hvidding in Nordschleswig das Wattenmeer erreicht, und zwar unter 8° 40' östl. Länge und

Länge und 54° 29' nördl. Breite.

Zwei Inselguirlanden umsäumen das deutsche Nordseegestade, und auf diese Weise entsteht eine Doppelküste, deren innerer Teil von der eigentlichen Festlandsküste gebildet wird, während der äußere der Inselküste mit der Westspitze von Borkum und der Nordspitze von Röm als Eckpfeiler angehört.

Der nordsüdlich verlaufende Teil unseres Küstengebietes zeigt in seiner nördlichen Hälfte drei Einbuchtungen, diejenige von Husum, von Tönning und von Meldorf, denen die Halbinseln Eiderstedts, der Landschaft Wesselburen und Dieksands entsprechen. Die Buchten des Dollart und der Jade und die Mündungen der Weser

Abb. 5. Boot zu Wasser.
(Nach einer Photographie von Wolfram & Co. in Bremen.)

Abb. 6. Versandetes Wrack.

und der Elbe gliedern den ostwestlich verlaufenden Küstenteil.

Eine selbständige Flutwelle besitzt die Nordsee bekanntlich nicht, sondern ihre Gezeitenbewegung erhält sie durch zwei aus dem Atlantischen Ocean nördlich von Schottland und durch den Ärmelkanal eintretende Flutwellen. So entstehen eine Anzahl von Strömungen, welche die Gezeitenbewegungen an der Nordseeküste zu recht komplizierten machen. Sechs Stunden braucht die Flutwelle, um von der britischen Ostküste bis zu den nordfriesischen Inseln zu gelangen, sechs Stunden lang läuft der Ebbestrom denselben Weg zurück. Wenn sich der Meeresspiegel am Ostrande des Beckens hebt, sinkt er an dessen Westrande, und umgekehrt.

An der dem offenen Meere zugewandten deutschen Nordseeküste schwankt der Flutwechsel zwischen 2,5 und 3,5 Meter, und wird im Mittel als 3,3 Meter angenommen. Den höchsten Betrag zeigt Wilhelmshaven mit 3,5 Meter, dann folgen Geestemünde und Bremerhaven mit 3,3 Meter, Brake mit 3 Meter, Emden mit 2,8 Meter, Borkum und Wangeroog mit 2,5 Meter u. s. f.

Das Minimum aller unmittelbar am Meere gelegenen deutschen Orte weist Helgoland auf, 2,8 Meter zur Springzeit, 1,8 Meter zur Nippzeit.

Von den Gezeiten unabhängige, also selbständige Strömungen sind nur in demjenigen Teile der Nordsee vorhanden, in welchem die Gezeitenerscheinungen nahezu verschwinden, kommen also für unser Küstengebiet nicht in Betracht. In den geringen Tiefen der Nordsee, wo die Wellenbewegung sich bis auf den Grund fortpflanzt, vermögen die Windströmungen die ganze Wassermasse in Bewegung zu setzen. Sobald aber der Wind wieder aufhört, müssen auch diese ganzen Wallungen derselben wieder verschwinden. Von der Erregung beständiger Strömungen in der mittleren Windesrichtung kann in der Nordsee keine Rede sein. Dagegen bedingt die Gestaltung der Küsten Veränderungen des Meeresniveaus, sobald der Wind das Wasser vor sich hertreibt, und dieser Windstau gibt dann zu Strömungen Veranlassung, welche noch andauern können, wenn sich die Windrichtung bereits geändert hat.

Zu den charakteristischen Erscheinungen der Nordsee gehören die Sturmfluten, die dann eintreten, wenn auf einen starken und anhaltenden Südweststurm, der das Wasser durch den Kanal in die Nordsee gepreßt hat, plötzlich ein Nordweststurm folgt, der die vereinigten Wassermassen gegen die deutschen Küsten treibt. Vernichtende Wirkungen von grausiger Art, beträchtliche Verluste an Land und Menschenleben haben diese Sturmfluten zuweilen hervorgebracht, wenn auch diese Verheerungen von der Sage manchmal ins Maßlose und Ungeheuerliche übertrieben worden sind. An den Küsten, und besonders an deren sich verengenden Winkeln und Buchten steigt die Flut dann am höchsten. Nach den von Eilfer angestellten Untersuchungen fällt die Mehrzahl der sämtlichen Sturmfluten, von denen man bisher überhaupt Kunde erhalten hat, in den Monat November, etwa ein Viertel der Gesamtsumme! Dann folgen Januar, Dezember und Oktober, die geringste Zahl zeigen Juni und Juli. Auf die sechs Wintermonate Oktober bis März kommt eine fünfmal größere Zahl schwererer Sturmfluten, als auf die Sommermonate. Das wird erklärlich, wenn man bedenkt, daß es heftige Stürme, förmliche Orkane sind, welche diese Katastrophen herbeiführen. Ungewöhnlich heftige Stürme und Orkane sind aber weiter nichts, als abnorme Gleichgewichtsstörungen des Luftmeeres, und die an unserer Nordseeküste gemachten Beobachtungen zeigen,

Abb. 7. Postfahrt durch das Wattenmeer im Sommer.

daß gerade in den Wintermonaten die extremsten Barometerschwankungen vorkommen. Unser Gebiet ist in dem Zeitraum von 1500—1800 durchschnittlich von 50 schweren Sturmfluten in jedem Jahrhundert heimgesucht worden.

Weiter oben ist bereits betont worden, daß die Überlieferungen von den durch diese Katastrophen hervorgerufenen Verheerungen in vielen Dingen zuweilen gar sehr übertrieben sind. Ganz besonders gilt dies von den Chronisten des Mittelalters, deren Zahl

keine geringe ist. Ihre Erzählungen bedürften daher erst einer recht gründlichen kritischen Sichtung, bevor man dieselben als Grundlagen für eine Gesamtdarstellung der Sturmfluten an unserer Nordseeküste benutzen könnte. Für Nordfriesland ist das durch die schönen Untersuchungen Reimer Hansens geschehen, und es soll deshalb in einem der folgenden Abschnitte ein kurzer Überblick über die hier in Frage kommenden Ereignisse an der schleswig-holsteinischen Meeresküste mit eingehender Berücksichtigung der soeben angeführten Forschungen gegeben werden.

Die Temperatur an der Wasseroberfläche der Nordsee folgt der Temperatur der Luft, unter Abstumpfung der Extreme, wegen der großen Wärmeabsorption des Wassers. Die Temperaturschwankungen des Oberflächenwassers sind in der Nähe des offenen Oceans am geringsten, da, wo das Wasser vom Lande eingeschlossen ist, am größten, und das Maximum der Temperatur fällt in die Mitte August, das Minimum in die erste Hälfte des Monats März. Mit zunehmender Tiefe nehmen die Temperaturschwankungen des Wassers ab.

Die Schwankungen des Salzgehalts im Nordseewasser sind weniger groß und weniger ungleichmäßig als die der Lufttemperatur folgenden Wassertemperaturen. Im nördlichen tiefen Teil der Nordsee treffen wir das schwerste, salzigste Wasser an, mit 3,56—3,52% Salzgehalt.

Als dem Nordseewasser in seinem mittleren, von fremden Zuflüssen wenig berührten Becken zukommend kann ein Salzgehalt von 3,52—3,48% gelten. In der deutschen Bucht erleidet das Seewasser durch die Zuflüsse der deutschen Ströme eine Verdünnung, die sich sehr weit bemerkbar macht. Das Maximum der Dichtigkeit fällt hier in den Sommer und Herbst, das Minimum in den Winter und in das Frühjahr, entsprechend den schwankenden Wassermengen, welche von den Flüssen abgeführt werden. Für die Zeit vom November bis einschließ-

lich April betragen die Abflußmengen der
Elbe und Weser mehr als das Doppelte
(1 : 0,45) derjenigen für die Sommerzeit
vom Mai bis Oktober. Die Weser erreicht
im Februar, die Elbe im März ihren höchsten, beide Flüsse im September ihren niedrigsten Wasserstand. Für die Weser ver-
hält sich die Abflußmenge des wasserärmsten
Monats zu der des wasserreichsten (bei

Nach den Mitteilungen von Arends enthalten 7680 Teile Nordseewasser:

Chlornatrium	197,5	Teile
Chlormagnesium	28,502	„
Chlorkalium	1,446	„
Schwefelsaure Talkerde	10,2	„
Schwefelsaure Kalkerde	4,926	„
Kieselerde	0,582	„

Nach Pfaff zerfällt der Salzgehalt des
Nordseewassers, zu 3,44 % angenommen, in:

Abb. 8. Postfahrt durch das Wattenmeer im Winter (von Dagebüll nach Föhr).
(Nach einer Photographie von W. Dreesen in Flensburg.)

Minden) wie 1 : 4, für die Elbe (bei Tor-
gau) wie 1 : 5,2.

Folgende Jahreszeitenmittel des Salz-
gehaltes an der Oberfläche des Nordseewassers sind in den Jahren 1874—1876
festgestellt worden:

Beobachtungsort	Winter	Frühling	Sommer	Herbst	Jahr
Borkum (Feuerschiff)	3,25	3,25	3,28	3,31	3,28
Weser (Außenfeuer-schiff)	3,46	3,31	3,28	3,35	3,35
Helgoland	3,12	3,29	3,26	3,41	3,31
Lift auf Sylt	2,97	3,03	3,21	3,08	3,08

Chlornatrium	74,20	Teile
Chlormagnesium	11,04	„
Chlorkalium	3,80	„
Bromnatrium	1,09	„
Schwefelsaurer Kalk	4,72	„
Schwefelsaure Magnesia	5,15	„

Der starke Salzgehalt und die hohe
Temperatur ihres Wassers lassen ein Zufrieren der Nordsee auf hoher See niemals
zu. Dagegen sind Eisbildungen an den
Küsten und im Wattenmeer nicht selten;
wir werden noch im folgenden Gelegenheit haben, darauf zurückzukommen. Unsere
Abb. 7 u. 8 veranschaulichen die besonders
im Winter erhöhte Schwierigkeit des Verkehrs im Wattenmeer.

72232 222222

Abb. 9. Eine Hallig
bei Sturmflut.

Bezüglich der dem deutschen Küstengebiete der Nordsee zugehörigen Schiffe mögen hier einige genaue Mitteilungen gemacht werden. Dieselben sind der Statistik des Deutschen Reiches entnommen und gelten für den 1. Januar 1897. An diesem Tage waren in den Häfen des gesamten deutschen Nordseegebietes beheimatet:

    2043 Segler   mit   550258 Registertonnen br. Rauminh.
    737 Dampfer   „   1200348 Registertonnen br. Rauminh.

Zus.: 2780 Seeschiffe mit 1750606 Registertonnen br. Rauminh.

Auf die einzelnen Teile der Nordseeküste verteilen sich diese Zahlen wie folgt:

Nordseeküste Schleswig-Holsteins:

    383 Segler   mit   16985 Rt. br.
    29 Dampfer   „   10608 „ „

Zus.: 412 Schiffe mit 27593 Rt. br.

Hamburg und die zu diesem Freistaat gehörigen Häfen:

    430 Segler   mit   205842 Rt. br.
    388 Dampfer   „   764146 „ „

Zus.: 818 Schiffe mit 969988 Rt. br.

Provinz Hannover, u. zw. Elbe- und Wesergebiet:

    422 Segler   mit   17843 Rt. br.
    51 Dampfer   „   30468 „ „

Zus.: 473 Schiffe mit 48311 Rt. br.

Freie Stadt Bremen:

    221 Segler   mit   199982 Rt. br.
    218 Dampfer   „   369072 „ „

Zus.: 439 Schiffe mit 569054 Rt. br.

Großherzogtum Oldenburg:

    219 Segler   mit   78063 Rt. br.
    19 Dampfer   „   11303 „ „

Zus.: 238 Schiffe mit 89366 Rt. br.

Provinz Hannover, u. zw. Emsgebiet und Regierungsbezirk Aurich:

    365 Segler   mit   31010 Rt. br.
    23 Dampfer   „   3305 „ „

Zus.: 388 Schiffe mit 34315 Rt. br.

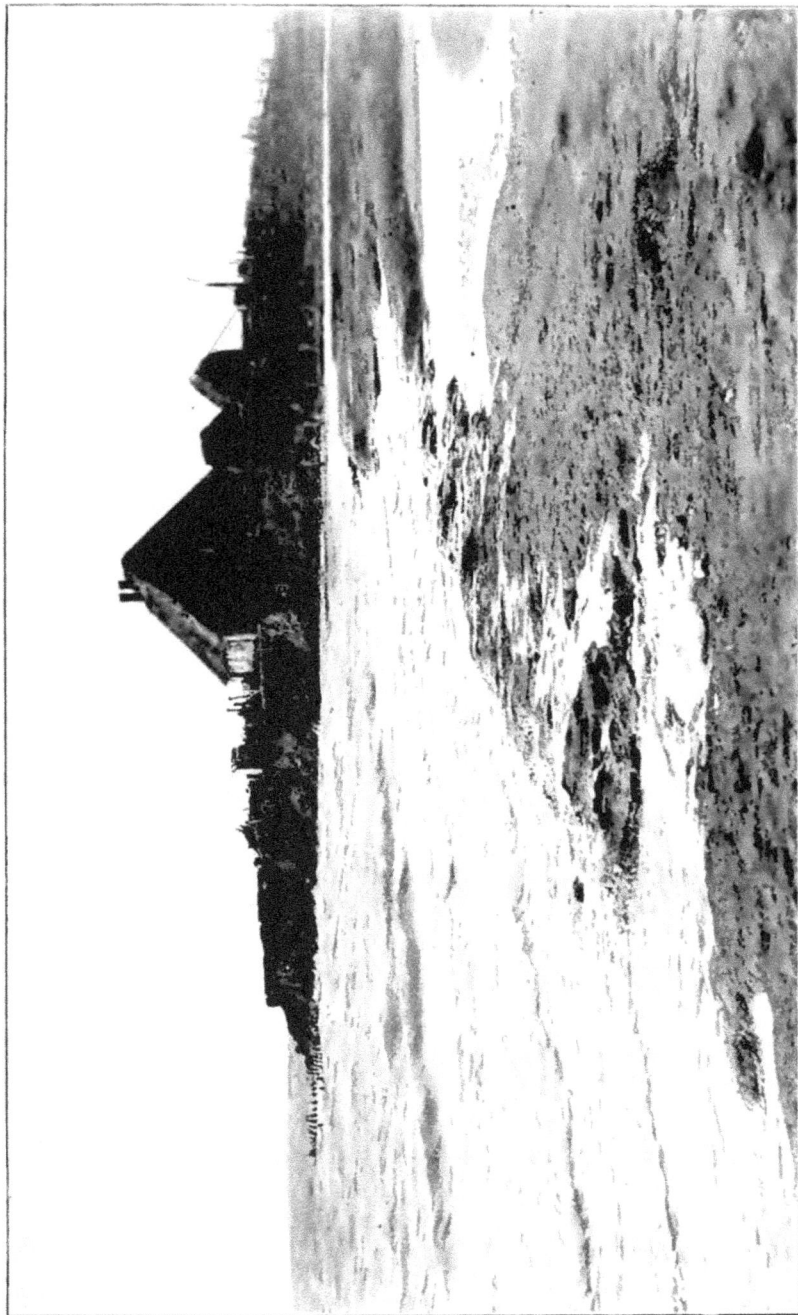

Abb. 10. Eine Halligwerft nahe vor dem Einflurz (Langeneß).
(Nach einer Photographie von W. Dreesen in Flensburg.)

In betreff der Schiffsunfälle, welche etwa durchschnittlich in Jahresfrist auf der 295 Seemeilen langen Küstenstrecke des deutschen Nordseegebietes stattfinden, geben die Mitteilungen des kaiserlichen statistischen Amtes ebenfalls interessante Aufschlüsse.

Die Aufstellung für das Jahr 1896 weist aus:

51 Strandungen,
7 Kentern,
5 Sinken,
65 Kollisionen,
37 andere Unfälle.
Zusammen: 165 Unfälle.

Der Verlust an Schiffen betrug 31, Verluste an Menschenleben werden 22 verzeichnet.

Diese Zahlen beziehen sich natürlich nicht nur auf deutsche Schiffe allein, sondern auch auf solche anderer seefahrender Nationen, also auf sämtliche Schiffsunfälle an der deutschen Nordseeküste überhaupt. Betrachten wir die Verunglückungen, die nur deutsche Schiffe betroffen haben, so finden wir in der Statistik für das Jahr 1896 folgende Daten:

Der Gesamtverlust an deutschen Schiffen in sämtlichen Meeren dieser Erde zusammen betrug 79. Darunter befanden sich 35 Strandungen und 10 verschollene Schiffe.

Auf das Gebiet der Nordsee mit dem Skagerak fallen hiervon: 28 Schiffe mit 36 verlorenen Menschenleben, auf dasjenige der Ostsee, einschließlich der Belte, des Sundes und des Kattegats: 20 Schiffe mit 20 verlorenen Menschenleben!

Auch in Bezug auf die Verluste an Schiffen und Menschenleben, mit welchen die Schiffsunfälle verbunden waren, steht das deutsche Nordseegebiet dem Ostseegebiet im Verhältnis zu seiner Küstenlänge bedeutend voran. Besonders stark ist dort der Verlust an Schiffen und Menschenleben im Küstengebiet zwischen Eider und Elbe mit den Mündungen und Gebieten dieser Flüsse, an welch letzterem Küstenteile sich zugleich der stärkste Verlust an Menschenleben zeigt. Ziemlich groß ist auch die Zahl der verlorenen Schiffe an der Küste von Ostfriesland mit den ostfriesischen Inseln nebst dem Dollart und dem Emsgebiet bis Papenburg, dann im Mündungsgebiet der Weser und Jade, und schließlich an der Westküste von Schleswig-Holstein von der dänischen Grenze bis zur Eidermündung mit den dazu gehörigen Inseln.

Untersucht man das Verhältnis der Totalverluste zur Gesamtzahl der von Unfällen betroffenen Schiffe, so war im Jahre 1896 die Strecke zwischen der dänischen Grenze und der Eidermündung die verlustreichste. Ihr stand an Gefährlichkeit am nächsten die Küstenstrecke zwischen Wangeroog und der niederländischen Grenze. Dann folgt das Mündungsgebiet der Weser und Jade. Der verhältnismäßig geringste Verlust entfiel auf die Westküste Schleswig-Holsteins zwischen Eider und Elbe.

Es wäre nicht angängig, von der deutschen Schiffahrt in der Nordsee zu sprechen, ohne nicht auch etwas der im blühenden Aufschwunge begriffenen deutschen Hochseefischerei zu gedenken. Am 1. Januar 1898 betrug die im Dienste der deutschen Hochseefischerei stehende Flotte der Nordsee:

563 Fahrzeuge mit 94 898 cbm Raumgehalt und 3503 Mann Besatzung. Darunter waren 117 Dampfer

Abb. 11. Grab Theodor Storms in Husum.
(Nach einer Photographie von Hans Breuer in Hamburg.)

mit 18027 cbm Raumgehalt und 1185 Mann
Besatzung.

Der Wert der Hochseefischereifahrzeuge
im deutschen Nordseegebiet und ihrer Aus-
rüstung, unter Abrechnung von 10—25%
vom Anschaffungswert betrug für 1897 etwa
12660000 Mark. Heute kann man nach
der Begründung großer Gesellschaften für
Hochseefischerei in den Jahren 1897 und
1898 jedoch einen wesentlich höheren Ka-
pitalanlagewert annehmen.

Zu den Zeiten der alten Hansa be-
herrschte Deutschland in Wisby, Bergen,

wohl im nördlichen wie im südlichen Eismeer betrieben.

Im Jahre 1866 erwachte in weiteren
Kreisen der Nation auch wieder der Sinn
für die Förderung der deutschen Seefischerei,
und zu Beginn der siebziger Jahre war bereits in Blankenese und Finkenwerder eine
nennenswerte Hochseefischerei im Betrieb,
welche über 139 kleine Segler mit 437
Mann Besatzung verfügen konnte und, je
nach der Güte des Jahres, Erträgnisse von
100000 bis 250000 Mark aufwies. Der
eigentliche Aufschwung der deutschen Hoch-

Abb. 12. Hafen von Tönning.
(Nach einer Photographie von Hans Breuer in Hamburg.)

Schonen und vor allem in Island den
Fischmarkt. Dann aber wurden die deutschen Fischer und Händler überall von den
Engländern und Schotten, Franzosen, Holländern, Skandinaviern und Dänen zurück-
gedrängt. Vor achtzig Jahren machte man
in Bremen nach langer Zeit wieder einen
Versuch, die Heringsfischerei neu zu beleben,
doch konnte sich die zu diesem Behufe gegründete Aktiengesellschaft nicht lange halten, weil der Zoll für deutsche Heringe höher
war als derjenige für holländische, und so
ging das Unternehmen wieder ein. Später
und besonders in den vierziger Jahren des
neunzehnten Jahrhunderts wurde dann von
Bremen aus ein lebhafter Walfischfang so-

seefischerei stammt jedoch erst aus dem Ende
des neunten Jahrzehnts. Wie groß dieselbe
für das deutsche Nordseegebiet zur Stunde
schon geworden ist, das haben wir weiter
oben schon gesagt.

Bedeutende kapitalistische Hochseefischerei-
unternehmungen der neueren Zeit sind die
Aktiengesellschaft Nordsee in Nordenham,
die mit 26 Dampfern und drei Millionen
Mark Kapital Fischfang betreibt, sodann
eine große Herings- und Hochseefischerei-
gesellschaft in Geestemünde, welche den He-
ringsfang mit zehn Dampfloggern statt mit
Segelloggern betreibt, ferner neue Herings-
fischereigesellschaften in Emden, in Vegesack,
in Elsfleth und in Glückstadt. Man hofft,

Abb. 13. Kirkeby auf Röm.
(Nach einer Photographie von W. Dreesen in Flensburg.)

damit der großen Einfuhr von Heringen aus dem Auslande eine erfolgreiche Konkurrenz bieten und die hohen Geldsummen, welche für dieses wichtige Volksnahrungsmittel fremden Nationen zufließen, dem Reiche erhalten zu können, namentlich wenn entsprechende Zollveränderungen durchgeführt würden. Im Zeitraum von fünf Jahren hat Deutschland nicht weniger als 355 Millionen Mark für eingeführte frische und zubereitete Seefische an das Ausland bezahlt, darunter für Salzheringe und frische Fische, meist sogenannte grüne Heringe, 330 Millionen Mark!

Die Fischkutter der verschiedenen Hochseefischereigesellschaften gehen in der Regel als Flottillen von zwanzig, dreißig und noch mehr Schiffen in See. Die Dampfer sind

Abb. 14. Die Blockhäuser des Seebades Lakolk auf Röm.
(Nach einer Photographie von W. Dreesen in Flensburg.)

etwa 34 Meter lang, besitzen 150 Tonnen Rauminhalt und Maschinen von 250 Pferde kräften. Etwa acht Tage bleiben die Fahr zeuge in der Regel dem Heimathafen fern, und es kommt vor, daß ein solcher Dampfer 30000 Kilogramm und noch mehr Fische an den Markt bringt. Sie sind bestrebt, am Sonntag zurück zu sein, Montag und Dienstag findet alsdann die Versendung der gefangenen Fische statt, um vor Freitag, dem Haupttage für den Fischgenuß, die gesamte Beute auf die Märkte zu schaffen.

Mangelnder Absatz hat ursprünglich die

steigende Umsatz der Fischauktionen betrug im Jahre 1898:

in Hamburg	4 295 139 Mark,
in Altona	1993632 „
in Geestemünde	3459908 „
in Bremerhaven	729946 „

was an diesen vier Plätzen einem Gesamt umsatz von 7478625 Mark entspricht, gegen über 6938902 Mark im Vorjahre. Doch ist hier zu bemerken, daß den Auktions märkten auch von ausländischen Fischereien und Fischern Waren zugeführt werden. Da gegen aber ist in der Gesamtsumme ein

Abb. 15. Mädchen in Römer Tracht.
(Nach einer Photographie von W. Dreesen in Flensburg.)

gedeihliche Entwickelung des Fischhandels gehemmt, so daß der Verbrauch von frischen Seefischen eigentlich nur auf die Küstenstriche beschränkt gewesen ist. Erst die fortschrei tende Organisation des Fischhandels, be sonders vermittelst großer Fischauktionen in Hamburg, Altona, Geestemünde und Bre merhaven, der verbesserte, mit praktischen neuen Verpackungs- und Kühlvorrichtungen versehene Transportdienst der Fische ins Binnenland u. dergl. Dinge mehr konnten die Fortentwickelung unseres Fischhandels in gedeihlicher Weise fördern, so daß im Jahre 1896 die Bruttoerträge der deutschen Hochseefischerei in der Nordsee bereits zehn Millionen Mark erreichten. Der dauernd

fünfter Fischmarkt, Nordenham, nicht ver zeichnet, wo Auktionen nicht stattfinden, der aber jährlich für mindestens 1500000 Mark Fische anbringen dürfte.

Sowohl das Reich, als auch dessen dabei interessierte Einzelstaaten suchen die See fischerei in Deutschland nach Kräften zu fördern, wobei der Deutsche Seefischereiverein wirksame Unterstützung bietet. Von Reichs wegen werden gegenwärtig 400000 Mark im Jahre für diese Zwecke aufgewendet, ab gesehen von verschiedenen wissenschaftlichen Forschungen und Unternehmungen, die aus dem Reichssäckel bezahlt werden und der Erweiterung unserer Gesamtkenntnisse von der Tiefsee, also damit auch den Fischver

Abb. 16. Strand von Sylt zur Zeit der Flut.

hältnissen dienen (Plankton- und Valdivia-expedition).

Die deutsche Hochseefischerei wird bekanntlich alle Jahre von einem Kreuzer der Kaiserlichen Marine überwacht. An Bord desselben war in den jüngstverflossenen Jahren eine Fischereischule eingerichtet, in der eine Anzahl von Berufsfischern — 1897 waren es deren 14 — durch einen besonders ausgebildeten Offizier und einen Arzt Unterricht in Navigation, über Wissenswertes aus ihrem Gewerbe und über den menschlichen Körper nebst Anleitung für das Verhalten bei Unglücksfällen erhielten. Dieser Kreuzer dient zugleich als Sanitätswache für die Fischer, und er hilft auch den Fischereifahrzeugen, die bei schwerem Wetter in Seenot wrack geworden sind. Für den allgemeinen Reiseplan dieser Marinefahrzeuge sind die Wünsche des Deutschen Seefischervereins angehört worden.

Vom 29. März bis zum 18. November 1898 versah die „Olga" den Schutzdienst der Nordseefischerei; 1899 haben „Zieten" und „Blitz" diese Arbeit besorgt.

Hoch klingt das Lied vom braven Mann,
Wie Orgelton und Glockenklang!

Wer müßte nicht an Bürgers Verse

denken, wenn er der Rettungsstationen der Deutschen Gesellschaft zur Rettung Schiffbrüchiger ansichtig wird, die, 116 an der Zahl, allenthalben an der deutschen Meeresküste verbreitet sind. 51 davon sind sog. Doppelstationen, mit Boot und mit Raketenapparat ausgerüstet, 49 Boots-, 16 Raketenstationen. 44 dieser Stationen entfallen auf das Gebiet der deutschen Nordseeküste, 72 auf das Gelände an der Ostsee. Seit der Begründung der Gesellschaft im Jahre 1865 sind 2510 Menschenleben durch ihre Stationen und Geräte dem grausigen Tod in den Fluten entrissen worden, und zwar 2169 Personen in 388 Strandungsfällen durch Boote und 341 Menschen in 75 Strandungsfällen durch die Raketenapparate. Allein im Jahre 1898—1899 wurden auf solche Weise 96 brave Seeleute vor dem Untergang bewahrt (Abb. 4 u. 5).

Aus dem gesamten deutschen Vaterlande fließen diesem Unternehmen warmer Nächstenliebe milde Gaben zu, und ein über das ganze Reich ausgespanntes Netz von Vereinigungen ist thätig, um diese Hilfsquellen nicht versiegen zu lassen, deren Totalbetrag im Rechnungsjahre 1898/1899 151 064 Mark 62 Pfennige betrug, wozu noch 87 107 Mark

81 Pfennige außerordentlicher Einnahmen hinzukamen, so daß sich die Gesamtsumme der Einnahmen in der besagten Zeit, incl. der Zinsen von belegten Kapitalien, auf 301714 Mark 20 Pfennige belaufen hat, denen 199846 Mark 32 Pfennige Ausgaben gegenüber standen. Seit ihrer Begründung, also in den verflossenen 35 Jahren, hat die Gesellschaft 4674254 Mark 37 Pfennige für ihre edlen Zwecke verausgabt.

Freilich, neben diesen Aufwendungen an klingender Münze hat es noch ganz anderer an Aufopferung und kühnem Mute von seiten der Männer von der Waterkante bedurft, die furchtlos ihr Leben einzusetzen gewohnt sind, wenn es gilt, die armen Schiffbrüchigen aus schwerer Todesnot zu erretten. Aber diese Dinge lassen sich ja nicht in gemünztes Gold und Silber umwerten!

III.
Geologisches.

„Wie viele der Reisenden, die die Nordsee auf den großen Post- und Passagierrouten kreuzen, mögen sich wohl gefragt haben, wie lange diese merkwürdige See schon existiere, d. h. wann die jetzt von ihren Wogen überspülte Fläche sich so weit gesenkt habe, daß sie so viel niedriger liegt, als ihre Umgebung?" So fragt der bekannte Kieler Geograph und Oceanograph Otto Krümmel in einem kleinen Aufsatz über die geographische Entwickelung der Nordsee, aus dessen reichem Inhalte wir hier Verschiedenes schöpfen wollen.

Die Nordsee ist ein sehr seichtes Gewässer — sie besitzt nur eine durchschnittliche Tiefe von 89 Metern —, und eine Hebung des Bodens um hundert Meter würde völlig genügen, ihren ganzen südlichen Teil in trockenes Land umzuwandeln, das dann Eng-

Haas, Nordseeküste.

Abb. 17. Westerland auf Sylt. (Nach einer Photographie von Bernh. Lassen in Westerland-Sylt.)

Abb. 18. Kurhaus in Westerland.
(Nach einer Photographie von Bernh. Lassen in Westerland-Sylt.)

land, Dänemark und Holland verbände. Nun ist wohl kaum eine Stelle auf unserem Erdballe vorhanden, welche, wenn sie heute vom Ocean überspült wird, im Verlaufe der Äonen nicht auch einmal festes Land gewesen wäre, und umgekehrt. Das ist so auch mit dem von der Nordsee der Gegenwart eingenommenen Areale der Fall gewesen. Während der cretaceischen Periode zog sich wohl ein ziemlich tiefes Meer vom Atlantischen Ocean her über Frankreich, die Britischen Inseln, die Nordsee, das südliche Skandinavien und die baltischen Gebiete hin, dessen Absätze — die Kreideschichten — hier überall bekannt sind. Mit Beginn der Tertiärzeit war das Bild, wohl schon ein etwas anderes. Der Norden unseres Gebietes war zum größeren Teil Festland, das von Skandinavien nach Schottland und von dort über die Britischen Inseln nach Frankreich herüberreichte und ein flaches, von sumpfigen Küsten umgebenes Meer über dem jetzigen unteren Themsengebiete, der südlichen Nordsee und Belgien im Norden und Westen abschloß. Im nördlichen Teile des Landes erhoben sich mächtige Gebirge und Hochländer, Vulkane rauchten dort, und große Flüsse strömten dem Meere zu. Etwas später, zur Zeit als die Londonthone abgesetzt wurden, griff dieses flache Binnen-

meer nach Nordwesten hinüber, und am Ende des Eocäns stand es auch durch Flandern, Nordfrankreich und die Gegend des jetzigen Ärmelkanals durch einen schmalen Zugang mit dem damaligen Atlantischen Ocean in Verbindung.

Wiederum verschieden gestalteten sich die Verhältnisse während des Oligocäns, indem sich wieder ein Abschluß in Gestalt eines Isthmus von Dover nach Flandern und den Ardennen hinüber gebildet hatte, welcher die holländisch-ostenglische Bucht dieses Oligocänmeeres von einem Golfe des Atlantischen Oceans trennte.

Von nun an beginnt eine allmähliche allgemeine Trockenlegung unseres Areals, und gegen Schluß der Miocänzeit griff das miocäne Meer nur noch durch einen verhältnismäßig schmalen Arm über Belgien, Schleswig-Holstein und Hannover bis in das baltische Gebiet hinüber, ohne jedoch den Osten Deutschlands und Skandinavien noch zu erreichen. Jukes-Browne ist der Ansicht, daß sich damals auch die bekannte tiefe Rinne ausgebildet habe, welche die Uferlinien Norwegens gegen die jetzige Nordsee abgrenzt und dem Skagerrak so erhebliche Tiefe gibt. Sie soll zu jener Zeit das breite Thal eines großen, aus den baltischen Landflächen hier den Weg ins

Nordmeer sich suchenden und mit der fortschreitenden Hebung des Landes sich immer tiefer einschneidenden Riesenflusses gewesen sein.

In der Pliocänzeit war im anglobelgischen Gebiete wiederum Meer, das im Westen durch das Festland begrenzt wurde, welches sich noch ungebrochen von England nach Frankreich hinüberzog. Die damals abgelagerten Tiefenschichten enthalten eine große Überzahl von mediterranen Fossilien; von 250 Arten haben 205 unzweifelhaft ihre Hauptverbreitung in den südeuropäischen Gebieten, und 51 davon sind noch im heutigen Mittelmeer lebend zu finden. Doch reichte dieser Golf wärmeren Wassers sicherlich nicht weit nach Norden, wo noch das alte schottisch-skandinavisch-baltische Festland eine gewaltige Schranke gegen das Nordmeer hin bildete. Dieses Festland genoß lange Zeit hindurch ein warmes und feuchtes Klima, unter dessen Einwirkung die Gesteine seiner Oberfläche zu lateritischem Detritus verwitterten. Und aus diesem dürfte wiederum das Material zu den tertiären marinen und vielleicht auch noch andersgestaltigen Ablagerungen in dem hier in Frage kommenden Areale genommen worden sein.

Noch in die Pliocänzeit hinein fallen wohl die großartigen Bodenbewegungen, welche den völligen Zusammenbruch dieses soeben erwähnten, Schottland mit Skandinavien und Finland verbindenden Festlandes zur Folge hatten und auch einen sehr großen, wenn nicht gar den allergrößten Teil des heutigen Norddeutschlands in Mitleidenschaft gezogen haben. Dadurch trat eine Verbindung mit dem nördlichen Ocean ein, und es entstand ein Meeresgebilde, das unserer heutigen Nordsee in vielem wohl schon recht ähnlich gesehen haben mag, doch noch etwas kleiner war, als diese. Die Shetlandsinseln waren damals noch mit Schottland landfest, die Ostküste Englands reichte etwa 100 Kilometer weiter nach Osten, dagegen waren wieder die östlichen Teile von Norfolk und Suffolk vom Meere bedeckt, ebenso auch Belgien, das untere Rheingebiet, die Küste Ostfrieslands, jedenfalls aber nicht viel mehr vom schleswig-holsteinischen Lande. Der Süden Englands war noch im landfesten Zusammenhang mit Frankreich. Diese erste, pliocäne Nordsee hatte also die Gestalt eines allein nach Norden zum arktischen Gebiet hin geöffneten Golfes. Groß wurde ihr Alter jedoch nicht. Schon am Schlusse der Pliocänzeit wurde der belgisch-niederländische Teil wieder trockenes Land, vielleicht zugebaut von den Anschwemmungen des Rhei-

Abb. 19. Friedhof für Heimatlose.
(Nach einer Photographie von Bernh. Lassen in Westerland-Sylt.)

2*

nes, der damals, wie aus seinen Schottern und Ablagerungen im sogenannten Cromerforest hervorgeht, an der Küste Nordenglands nach Norden strömte und die Themse als linken Nebenfluß aufnahm, um irgendwo in der Höhe von Norfolk in einer see- und sumpfreichen Deltalandschaft zu münden.

Dann kam die Eiszeit. Mächtige Eisströme zogen von Skandinavien her über die wieder ganz festländisch gewordene Nordsee, überall ihren Moränenschutt ausbreitend. Und als diese Kälteperiode auch zum Abschluß gelangte und die gewaltigen Eismassen zum Schmelzen gebracht worden waren, lag an der Stelle der heutigen Nordsee wiederum ein ausgedehntes Festland. Ein milderes Klima herrschte über dieses von Mitteleuropa aus überall zugängliche Gebiet, und die Vertreter derselben Flora und Tierwelt, die wir heute noch finden, gediehen auf seinem Boden neben vielen anderen seitdem ausgestorbenen Formen, wie Mammut, Nashorn, Löwen, Bären u. s. w. Gleichzeitig hielt der paläolithische Mensch seinen Einzug in das eisfrei gewordene Land. Abermals ließ der Rhein als Hauptsammler der atmosphärischen Niederschläge Mitteleuropas seine gewaltigen Fluten nach Norden strömen. Die Doggerbank, unseren Fischern als Fischgrund wohlbekannt, bildet das Überbleibsel eines alten Höhenrückens, der durch keine jüngeren Ablagerungen sich hat verdecken lassen, und hier scharren die Fischer, mit ihren Grundnetzen nach Plattfischen jagend, die Überreste vom Mammut, vom Bison, vom wollhaarigen Rhinoceros, von Rentieren, Elchen, Hyänen, Wildpferden und noch anderen Tieren mehr auf. Diese Knochenansammlungen werden als die Ablagerungen und Schotter des alten Rheinlaufes gedeutet, die hier zusammengeschwemmt zur Ruhe gelangt sind.

Die zweite, und zwar die heutige Nordsee folgte dann durch allmähliche Senkung auf dieses letzte anglofkandinavische Festland. Allenthalben drang das Meer vor, dessen Wellen erst die Doggerbank als eine Insel umspülten und in später Zeit ganz überflutet haben. Von der Nordspitze Jütlands bis zum Isthmus von Calais-Dover zog sich, auf erhöhtem Vorlande belegen, ein großartiger Dünenwall dahin, der einem hinter ihm vorhandenen weiten von Hügeln, Heiden, Mooren und Sümpfen bedeckten Gebiete Schutz gewährte. Größere und kleinere, von dem hohen Geestrücken der cimbrischen Halbinsel herabkommende Wasserläufe mögen dasselbe durchzogen haben. An dem höher belegenen Küstensaume brachen sich die Seewinde, so daß sich auf dem Hinterlande eine kräftige Waldvegetation entwickeln konnte. Dem gewaltigen Andrange der Meereswogen von Norden und Westen her konnte die immer schmaler gewordene anglogallische Landenge nicht länger mehr widerstehen. Sie zerriß, und

Abb. 20. Leuchtturm bei Kampen.
(Nach einer Photographie von Bernh. Lassen in Westerland-Sylt.)

Abb. 21. Weg nach Rantum.
(Nach einer Photographie von Bernh. Lassen in Westerland-Sylt.)

die Verbindung zwischen Kanal und Nordsee entstand. Ein allgemeiner Senkungsprozeß im fraglichen Gebiet begünstigte wohl diesen Vorgang. Damit war aber auch die das Festland schützende Dünenkette preisgegeben. Die Fluten brachen in das Land ein und zerstörten die Dünenwälle mehr und mehr, so daß im Laufe der Zeit nur noch die Inseln davon übriggeblieben sind, welche heute die äußere Umsäumung unserer Nordseeküste bilden. Auch diese sind durch den stetigen Anprall der Wellen immer geringer an Umfang und Ausdehnung geworden, und jedes Jahr bringt hier neue Zerstückelungen mit sich. Die Überreste der zerstörten Waldungen und Moorbildungen sind uns in den unterseeischen Wäldern und in den Dargmassen erhalten geblieben, die sich in großartiger Ausdehnung längs der ganzen deutschen Nordseeküste finden und die Unterlage des Watts bilden. An gewissen Stellen, so in den Marschen von Jever in Ostfriesland, besitzen diese Moore sogar an 16 Meter Mächtigkeit. Ohne Ausnahme zeigen sie deutlich, daß sie von Süßwasserpflanzen gebildet wurden; Eichen, Birken, Eiben, Erlen, Weißdorn, Haselstaude und mehrere Arten

von Nadelhölzern nehmen an dieser Zusammensetzung teil. Die Bäume stehen teilweise noch frei und aufrecht im Meerwasser, teilweise sind dieselben von einer zwei bis drei Meter mächtigen Schlickschicht bedeckt; in den meisten Fällen sind sie, jedenfalls unter der Einwirkung der Stürme und Fluten, denen sie einst ausgesetzt waren, in der Richtung nach Südost überkippt. Es sind, wie schon vor Jahren von dem schleswig holsteinischen Geologen Ludwig Meyn ausdrücklich betont worden ist, keine brackischen oder salzigen Lagunenmoore, sondern vollkommene Festlands- und Süßwasserbildungen, welche mit diesen ihren Eigenschaften nur entstehen konnten in einem wesentlich über der See erhabenen, hügeligen Terrain und unter einem Klima, das der natürlichen ungepflegten Baumvegetation mehr hold ist, als das gegenwärtige Klima unserer Westküste mit ihren ungebrochenen Sturmwinden.

An der Westküste von Sylt liegen sogar noch solche untermeerische Torfbänke, über welche die äußere Landgrenze längst zurückgeschritten ist. Ungewöhnliche Sturmfluten zerreißen die äußersten derselben und werfen ihre losgelösten Schollen ans Land, ein Um-

stand, der auf der Insel stets als eine Wohl-
that und eine dankenswerte Gabe des Meeres
betrachtet wird, da dieselbe an Brennmaterial arm ist.

Man wird kaum fehlgehen, wenn man
sich das Landschaftsbild an der deutschen
Nordseeküste nach dem Eindringen des Meeres in das obenerwähnte Areal nicht viel
anders vorstellen will, als dasselbe in der
Gegenwart erscheint. Natürlich nur dem
Typus, dem Charakter nach, denn was die
Umgrenzungen des damaligen Festlandes
und der Inselwelt jener vergangenen Tage
betrifft, so waren dieselben grundverschieden
von denjenigen der Jetztzeit. Der westliche
Rand der Inseln lag sicherlich viel weiter
seewärts, als dies nunmehr der Fall ist, und
die Konturen der Festlandsküste, so wie sie
sich heutzutage darstellen, sind nach vielen
Peripetien größtenteils die Produkte der
späteren Zeiten und das Werk menschlicher
Arbeit und unablässigen Fleißes. Aber gerade so wie heute haben wohl auch dazumal
größere und kleinere Eilande aus dem seichten
Meere hervorgeragt, die Überreste der hügeligen Partien des untergesunkenen Landes,
geradeso wie heute füllte das Watt mit
seinen Tiefen und Prielen den Zwischenraum
zwischen diesen Inseln und dem Festlande
aus, geradeso vollzog sich schon damals jener
eigentümliche Wechselprozeß der Zerstörung
des Küstenlandes durch das Meer und das
Wiederabsetzen dieses losgelösten Materials
an einer anderen Stelle, jener Vorgang,
dem das Watt und die daraus hervor-
gegangenen Marschen ihr Dasein verdanken.
Denn was die See an einer Stelle nimmt,
das schenkt sie an einer anderen wieder her.
Allerdings, sehr einfach ist dieser Prozeß
der Landneubildung nicht, es ist derselbe
vielmehr ein kompliziertes Ding, bei welchem vielerlei noch nicht gehörig aufgeklärt
ist. Das Material, das hierbei in Betracht
kommt, ist ein sandiger und glimmerreicher
Schlick, welcher unter der Einwirkung von
Ebbe und Flut abgesetzt wird, und zwar
nicht vom Meere allein, sondern auch von
den verschiedenen Zuflüssen der Nordsee.
Er besteht aus den feinerdigen Stoffen,
welche die Flüsse mit sich führen, aber mehr
von zerstörten älteren Flußalluvionen als
von zerstörtem Gebirge herrührend, dann
aus den mineralischen Teilen, die von den
Abnagungen des Meeres an den benach-

barten tertiären, diluvialen und alluvialen
Küsten stammen, aus dem feinen Meeres-
sande, welcher durch die Brandung mit in
Suspension gebracht wird, aus den unzähligen Resten von winzig kleinen Lebewesen
der marinen Tier- und Pflanzenwelt und
der ins Meer geführten Süßwasserbewohner,
und den Humussäuren der von allen Seiten
kommenden Moorwässer, welche sich mit den
Kalk- und Talkerdesalzen des Meeres nieder-
schlagen. „Letztere liefern so den Schlamm,
das wichtigste Bindemittel für die Sandmassen und übrigen Stoffe, welche vom
Meere und den Flüssen an den Mündungen
angehäuft werden. Die humussauren Salze
bilden den Hauptfaktor für die Entstehung
der Watten und der Marschen. Hieraus
erklärt sich auch in gewisser Hinsicht das
Fehlen der Wattenbildungen in anderen
Meeren, wie z. B. in der salzarmen Ostsee" (Haage).

Die Watten sind nun, wie man sie tref-
fend genannt hat, ein amphibisches Über-
gangsgebilde zwischen Wasser und Land,
ein Gebiet, das für das gewöhnliche Auge
vom übrigen Meere nicht zu unterscheiden
ist, wenn das Wasser seinen Höhepunkt erreicht hat, das aber bei niedrigem Wasser
in der Gestalt von trockenen gelben Sand-
flächen erscheint, die nur nach dem Festlande
hin und in der Umrandung der Inseln
mit grauem Schlick bekleidet sind. Eine Unmenge von Wasserrinnen, sog. Tiefe, Balzen,
Priele u. s. f., umsäumen und gliedern die
Watten und vereinigen sich zu größeren
Tiefen, in welchen Strömungen cirkulieren,
die, wie Meyn sagt, „mit der Geschwindig-
keit des Rheinstromes dem Meere zuschießen,
allen eingewehten Sand vor sich herfegend
und den größten Schiffen Einfahrt räu-
mend". Der eingeborene Fischer und Schiffer, dessen Erwerb, ja dessen Leben von der
richtigen Beurteilung der Wasserfläche abhängen, gewahrt bei Hochwasserstand mit
Leichtigkeit diese Tiefen und vermag dieselben von den ausgedehnten Untiefen zu
unterscheiden, auch wo sie nicht durch die
in Wind und Wogenschlag schwankenden
jungen Birkenstämme bezeichnet sind, die
überall als Zeichen des Tiefs in seinen untiefen Rändern versenkt sind und die Binnen-
schiffahrt erleichtern. Das Areal dieser am-
phibischen Grenzzone der Watten zwischen dem
deutschen Festlandsboden und der Nordsee ist

Abb. 22. Keitum nebst Kliff, von Oben gesehen.
(Nach einer Photographie von Bernh. Lassen in Westerland-Sylt.)

Abb. 23. Kurhaus in Wittdün auf Amrum.
Nach einer Photographie von Waldemar Lind in Wyk auf Föhr.)

3655,9 Quadratkilometer groß; hiervon bilden 3372 Quadratkilometer = 92¼ % einen geschlossenen Grenzsaum, die übrigen 283,9 Quadratkilometer = 7¾ % liegen als Exklaven innerhalb des Meeresgebietes. Es sind diese letzteren isolierte Wattinseln, die mit dem geschlossenen Wattensaum nicht in fester Berührung stehen und sich nicht wie dieser an dauernd trockenes Land anlehnen. Vereinzelt tauchen sie als „Sande" vor den Friesischen Inseln und innerhalb der zahlreichen Buchten, die das Meer in das Wattland hineinsendet, aus dessen Wassern auf. Auf die Watten an der Küste Schleswig-Holsteins entfallen insgesamt 2023,4 Quadratkilometer, auf diejenigen an der Küste von Hannover und Oldenburg 1632,5 Quadratkilometer.

Die großen Flächen der Watten sind sandig und fest zu betreten, dagegen sinkt man tief in dieselben ein, wenn sie schlammiger Natur sind. Der Marschbewohner Nordfrieslands geht bei Ostwind an vielen Stellen von Insel zu Insel, sogar von Sylt nach dem Festlande. Doch ist eine solche Wanderung, ein Schlicklauf, nicht immer ohne Gefahr, und Vorsicht thut hier besonders not (Abb. 6—8).

In früheren Zeiten hat der auf den Watten häufig vorkommende Bernstein bei den Bewohnern der umliegenden Küsten zur Beleuchtung gedient. Nach jeder höheren Flut wirft die See Bernsteinstücke verschiedenen Formates aus und diese bleiben dann, wie Meyn bemerkt, „mit einem schwarzen Brockenwerk aus Braunkohlenstückchen, Schifftrümmerchen, Torfstückchen und zerriebenem Torfholze, teilweise auch glatt gerollten größeren Holzstücken aus dem Torfe, dem sog. „Rollholz", in langen braunen Streifen als äußerste Wattenkante an Hochsanden, Hochstranden und sonstigen erhabenen Stellen liegen, wo sie von den Schlickläufern gesammelt, weiter südlich durch die abenteuerlichen „Bernsteinreiter" gesichtet werden".

Über die mit diesem Bernsteinsammeln verbundenen Gefahren hat vor 112 Jahren der Pastor Heinrich Wolf zu Wesselburen eine belehrende Darstellung in den schleswig-holsteinischen Provinzialberichten gegeben, worin derselbe u. a. mitteilt, daß oft Stücke von 24 Lot gefunden würden und kurz vorher sogar ein solches von dritthalb Pfund aufgelesen worden sei. „Man will mir sagen," schreibt er weiter, „daß ein gewisser Mann in einer benachbarten Gegend jährlich über tausend Mark auf diese Weise umgesetzt habe." Tausend Mark Banko waren aber im Jahre 1788 eine recht beträchtliche Summe.

Ludwig Meyn hat den Beweis dafür erbracht, daß hier an ein originales Bernsteingebirge nicht gedacht werden kann, sondern daß das Material aus dritter, vierter oder fünfter Lagerstätte kommen müsse, und daß seine Anwesenheit demnach als das Zeichen eines zerstörten Miocän- resp. Diluviallandes zu gelten habe.

Aber nicht nur vom geologischen Standpunkte aus, auch von demjenigen des Altertumsforschers ist das Vorkommen des Bernsteins in größerer Menge an den deutschen Nordseeküsten von Wichtigkeit. Es ist bekanntlich ein lange Zeit hindurch strittiger Punkt gewesen, woher die Römer ihren Bernstein bezogen hätten, und wo die von Pytheas von Massilia geschilderte Bernsteininsel Abalus zu suchen sei. Der eben genannte Reisende hat zu Alexander des Großen Zeiten, den Schritten der Phönicier und Karthager folgend, die britische Küste und auch zuerst das germanische Nordsee-gestade besucht, von dem er die Schilderung eines Ästuars — Mentonomon nennt er es — von 6000 Stadien Ausdehnung gibt. „Dort," so lautet sein durch Aufzeichnungen des Timäus von Müllenhoff ergänzter Bericht, „wohnen die Teutonen und vor ihrer Küste liegt im Meere außer mehreren unbenannten Inseln in der Entfernung von einer Tagefahrt die Insel Abalus, wohin im Frühjahr die Fluten den Bernstein, der eine Absonderung des geronnenen Meeres ist, tragen und in großer Menge auswerfen. Die Einwohner dort sammeln ihn und haben so reichlich davon, daß sie ihn statt des Holzes zum Feuern gebrauchen" u. s. f. Oberhalb der Elbe im Gebiete der Eidermündungen wird noch jetzt der meiste Bernstein an der Nordsee gefunden und in dieser Gegend mag wohl die mythische Bernsteininsel gelegen haben, die, wie Müllenhoff meint, Pytheas wohl mit eigenen Augen erblickt hat, was mehrfach in Zweifel gezogen worden war. Er war der erste namhafte Mann, der wohl die Germanen in ihrer Heimat aufsuchte und von Angesicht sah, und jedenfalls der erste, der von ihnen eine Kunde erlangt und Nachricht gegeben hat. Wenn es auch unzweifelhaft erscheinen dürfte, daß ein großer Teil des von dem römischen Volke verbrauchten Bernsteins, besonders seit Domitian, aus dem Samland kam, so ist es doch wohl nicht minder sicher, daß schon in früheren Zeiten auch von der Nordseeküste aus dieses edle Harz seinen Weg an den Tiberstrom gefunden hat.

In eigentümlicher Weise geschliffen, von den rollenden Wellen zu Kugeln, Ellipsoiden, Doppelkugeln, Spindeln u. s. f. geformt, stellt sich das Rollholz dar, das aus den submarinen Mooren und Wäldern stammt. Seine Spalten sind erfüllt von Sandkörnern, Foraminiferen und winzigen Tierresten, als kleine Echinitenstacheln u. s. f. Es zeigt uns, daß

Moore und Wälder unter dem Sande jetzt bis an die äußerste, vor der Brandung liegende und sich verzehrende Kante reichen, daß also jetzt die Brandung bereits innerhalb des ehemaligen hochbelegenen Küstensaums im Bereich des vormaligen Niederlandes aufschlägt.

Die Unterlage der Watten besteht, wie gezeigt worden ist, aus einem untergetauchten und von den Wellen teilweise zerstörten, mannigfaltig gegliederten Festlande, und damit hängt auch der Umstand zusammen, daß sich auf ihrem Gebiete Süßwasserquellen vorfinden, wodurch wiederum der geologische Zusammenhang mit dem naheliegenden Küstenlande bewiesen wird. So soll vormals bei der Hallig Nordmarsch eine solche Quelle gewesen sein, eine andere nördlich von Langeneß, wo „ein Brunnen mit frischem Wasser mitten in dem salzen Meere hervorquillt", wie Lorenz Lorenzen, der Halligmann, in Camerers Nachrichten von merkwürdigen Gegenden der Herzogtümer Schleswig und Holstein erzählt. Dann ist in früheren Zeiten nicht selten berichtet worden, daß Tunlgräber im Watt ertrunken seien, weil plötzlich in der unterseeischen Torfgrube das süße Wasser aufsprudelte.

Die Watten und ganz besonders diejenigen Nordfrieslands verdienten eigentlich als ein großer Kirchhof bezeichnet zu werden. Denn alsbald, nachdem die Anschlickung an die Überreste des zusammengerissenen und teilweise von den Wogen verschlungenen alten Festlandes wieder begonnen und die erste

Abb. 21. Leuchtturm auf Amrum.
(Nach einer Photographie von Waldemar Lind in Wyk auf Föhr.)

Marschbildung sich vollzogen hatte, mag es
auch nicht an Menschen gefehlt haben, welche
von dem so gebildeten Neulande Besitz nahmen und in diesem Gebiete ihre Ansiedelungen
erbauten. Neue Meereseinbrüche, veranlaßt
durch die von den Sturmfluten auf das
nunmehr schutzlos gewordene Land hinauf-
getriebenen Wassermassen, brachten neue Zerstörungen mit sich, denen wiederum neue
Anschlickungen und neue Besiedelungen folgten, die ebenfalls ein Opfer der Wellen
wurden. Und so ist es zweifellos von den
ältesten Zeiten her gegangen, in denen der
Mensch im Lande erschien; ein immerwäh-
render Wechsel war es, der die Oberfläche
des Gebietes immer und immer wieder anders gestaltete, allerdings aber so, daß der
Landverlust den Landgewinn durch Anschlik-
kung schließlich um ein sehr Bedeutendes
überwog. Erst als der Mensch gelernt hatte,
sich vermittelst der Deiche Schutzwehren gegen
den vernichtenden Anprall und den alles zer-
nagenden Zahn der Meereswogen zu bauen,
wurde es besser. Aber auch in dieser Beziehung hat der Marschbewohner mit Leib
und Leben, mit Hab und Gut gar oft Lehr-
geld bezahlen müssen, und bis er die Kunst
des Deichbaues so erfaßt hatte, daß ihm die
grünen an der Küste aufsteigenden Wälle
nicht nur bei der nächsten besten Sturmflut
von der Brandung wieder zusammenge-
rissene Brustwehren waren, sondern zum
mächtigen Schild wurden, hinter dem er sein
Eigentum und sein Leben in Sicherheit barg,
hat es gar lange und bis in unser Jahrhundert hinein gedauert! Millionen von
Menschen, Tausende von Wohnstätten haben
bis dahin dem wütenden Elemente zum Opfer
fallen müssen, ganze Kirchspiele sind von
der Erdoberfläche verschwunden, große Land-
areale von den nassen Wogen verschlungen
worden, bedeutende Städte mußten „ver-
gehen", wie die Chronisten aus früheren
Zeiten sich ausdrückten, bevor dies geschah. Über diese weiten großen Flächen, in
deren Tiefen dies alles versunken ist, rollt
heute die salzige Welle der Nordsee dahin
und nur Pfahlstümpfe, Mauertrümmer, ver-
witterte Leichensteine und dergl. Dinge mehr,
welche die tiefe Ebbe bisweilen auf dem
Watt bloßlegt, erinnern daran, daß ehemals
hier menschliche Wohnstätten gestanden und
menschliche Wesen hier gelebt, geliebt, gehofft
und auch gelitten haben.

IV.

Sturmfluten.

Plinius berichtet schon von einer gewaltigen Sturmflut, welche den größten
Teil der Cimbern und die Teutonen ge-
zwungen haben soll, sich nach gesicherteren
Wohnstätten in Südeuropa umzuschauen.
Wie wir aus Mitteilungen des eben genannten Schriftstellers und aus solchen des
Ptolemäus wissen, lag die Heimat des cimbrischen Volkes im äußersten Norden des
germanischen Landes, im cimbrischen Cher-
sonesus, also in dem heutigen Jütland und
wohl auch im nördlichen Teil des Herzogtums Schleswig. Das erste Erscheinen der
Cimbern im Lande der Taurisker, in der
Umgegend von Klagenfurt, fällt in das Jahr
113 v. Chr., woraus zu schließen wäre, daß
die obenerwähnte Wasserflut wohl einige
Jahre früher stattgehabt hätte. Nach Eugen
Traeger ist jedoch die erste historisch fest-
gestellte Flut diejenige gewesen, welche
445 Jahre später, anno 333 nach des
Heilands Geburt, die germanische Nordseeküste verheert hat. In den darauf folgenden Jahrhunderten haben sich derartige
Ereignisse mehrfach wiederholt, so um 516,
wo in den friesischen Landen über 6000
Menschenleben von den Wasserfluten vernichtet wurden, und im Jahre 819, das
den Untergang von 2000 Wohnstätten an
der Nordsee gesehen hat. In jene fernen
Zeiten fallen auch die ersten bedeutenderen
Versuche, die Küsten durch besondere Schutz-
bauten, durch Deiche, vor der Zerstörung
durch die See zu bewahren, zumal die von
den Fluten immer mehr und mehr zerrissenen
und zu Grunde gerichteten Dünensäume
nicht länger mehr dem Anprall der Wogen
stand zu halten vermochten. Aber erst vom
Jahre 1100 ab wurden die Deichbauten mit
größerem Eifer betrieben, insbesondere in
den Dreilanden, dem jetzigen Eiderstedt und
auf Nordstrand.

Von den zahlreichen Fluten, über welche
uns von den verschiedenen Chronisten Frieslands, insbesondere von Anton Heinreich in
seiner nordfriesischen Chronik berichtet wird,
ist, wie in neuerer Zeit von Reimer Hansen
an der Hand kritischer historischer Forschung
dargethan wurde, bei weitem der größere
Prozentsatz zu streichen. Im zwölften Jahr-

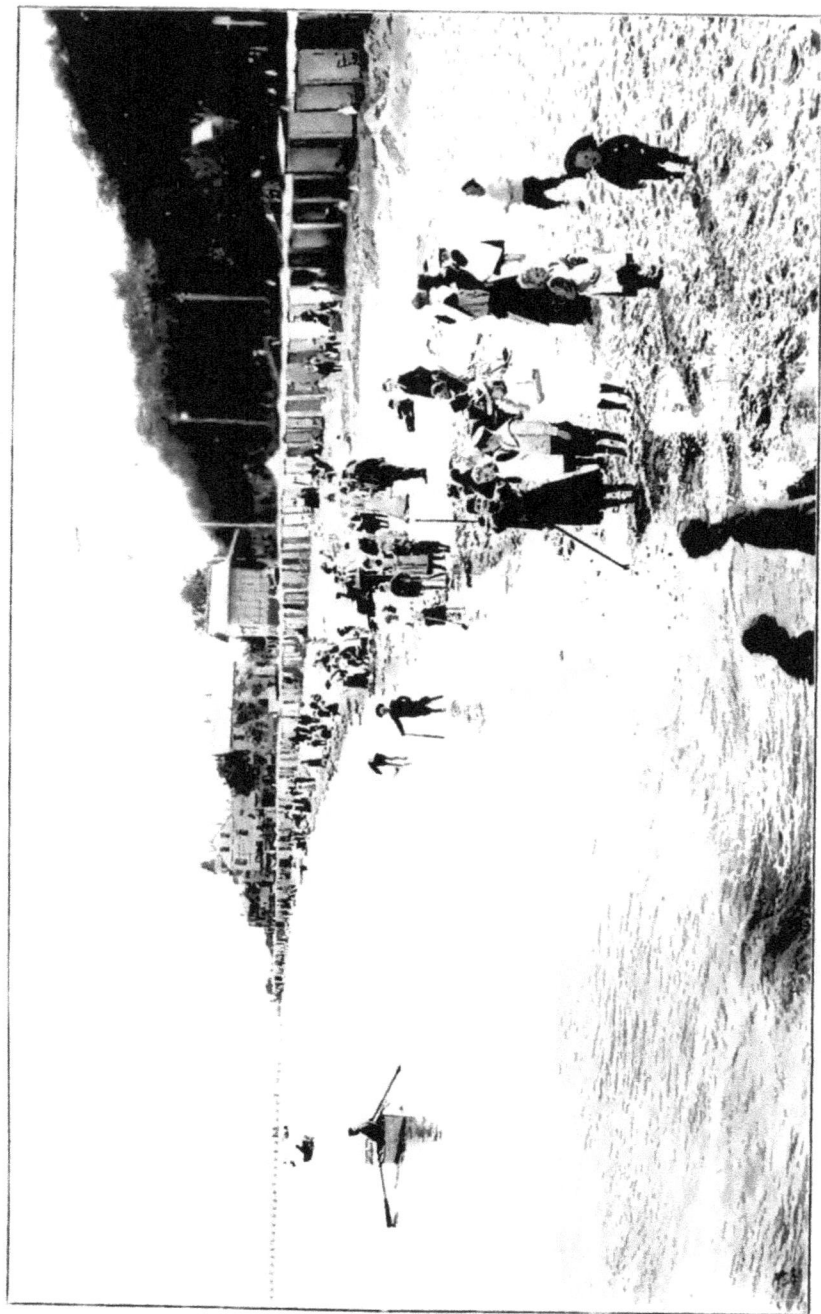

Abb. 25. Strand von Wyk auf Föhr. (Nach einer Photographie von Waldemar Lind in Wyk auf Föhr.)

hundert kommen für Dithmarschen und Nordfriesland in Betracht die Flut vom 16. Februar 1164 und vielleicht auch diejenige
von 1158. Für das dreizehnte Säkulum
ist wohl die Katastrophe vom 17. November 1218 verbürgt, bei welcher nach
Peter Sax „im Oldenburgischen Jadeleh,
Wardeleh, Aldessen in Rustringen vergan-
gen; in den Nordländern volle 36000 Menschen ertrunken". Vielleicht ist damals auch
die Lundenburger Harde durchgerissen worden, wie Heimreich erzählt. Ebenso wird
die Flut vom 28. Dezember 1248 von

nordalbingischen Chronisten so ziemlich
sicher bezeugt. 1277 und 1287 entstand
durch die Zerstörung von 385 Quadrat-
kilometern des fruchtbarsten Landes mit 50
Ortschaften der Mündungsbusen der Ems
mit dem Dollart, und mit dem Jahre 1300
begann dann eine Periode, die im Bereich
der friesischen Lande mit Recht die Elends-
zeit genannt worden ist. Eine wenig günstige
Schilderung der Charaktereigentümlich-
keiten des Friesenvolkes jener Zeit haben
uns, allerdings erst einige Jahrhunderte
später, einige Chronisten gegeben. Es heißt
da, sie seien durch
ihren Reichtum hoch-
mütig gewordene und
das Wort Gottes und
die heiligen Sakra-
mente verachtende
Menschen gewesen,
die sich durch ihre
Sündhaftigkeit diese
schrecklichen Strafen
Gottes zugezogen hät-
ten. Es mag hier
dahingestellt bleiben,
ob dieses harte Urteil
nicht sehr durch Par-
teilichkeit getrübt ist,
und inwiefern die
Ursache der Unfolg-
samkeit des sonst so
schlichten, wenn auch
derben friesischen Vol-
kes nicht in einem ge-
gründeten Verdachte
oder in Mißtrauen
gegen seine katholi-
schen Priester zu su-
chen war, denn, wie
Petrejus in seiner Be-
schreibung des Lan-
des Nordstrand sagt:
„Die Papisterey und
Mönnicherey ist ihnen
vielleicht verdächtig
gewesen."

Unsicher ist die
Flut vom 1. Mai
1313, sicherer eine
solche aus dem Jahre
1341, wahrscheinlich
eine weitere am 1.
Mai 1380, am sicher-

Abb. 26. Frauentracht auf Föhr.
(Nach einer Photographie von W. Dreesen in Flensburg.)

Abb. 27. Dorfstraße in Nieblum.
(Nach einer Photographie von Waldemar Lind in Wyk auf Föhr.)

sten aber diejenige vom 16. Januar 1362, die schlimmste von allen vor der zweiten großen Manndränke am 11. Oktober 1634. Damals stieg das Wasser über die höchsten Deiche Nordfrieslands, richtete in den Außenlanden furchtbare Verwüstungen an und riß an der Südseite der Insel Nordstrand einen beträchtlichen Teil des Landes hinweg, so daß ein bedeutender Meerbusen an dessen Stelle entstand. Die überaus reiche Stadt Rungholt und noch sieben andere Kirchspiele auf dem eben gedachten Eiland wurden zerstört, an der Hever und ihren Enden sollen 28 Gemeinden untergegangen sein, und 7600 Menschen haben dabei ihren Tod in den mörderischen Wellen gefunden. Der Rungholter Sand zwischen Pellworm und dem heutigen Nordstrand erinnert jetzt noch an die versunkene Stadt, deren Missethaten der Sage nach den Zorn des Herrn besonders herausbeschworen haben sollen. Als die Rungholter gar ein Schwein betrunken gemacht und dasselbe in ein Bett gelegt hatten und hierauf ihren Priester rufen ließen, damit dieser dem Kranken das heilige Abendmahl gebe, war das Maß göttlicher Langmut voll. Der Bitte des gesalbten Mannes, der ob jener Zumutung aufs höchste empört in die Kirche gelaufen war, um dort Gottes Strafe auf die gottlosen Leute herabzuflehen, wurde von oben stattgegeben, und es erfolgte, wie uns Jonas Hoyer überliefert hat, „in der Nacht ein so erschrecklich Erdbeben und gräulich Wetter", daß Rungholt gänzlich umkam und in den Tiefen des Meeres versank.

Als endlich sich der Tag gelichtet
Und sich besänftigt die Natur,
Da sah man, Rungholt war gerichtet —
Der ganzen Landschaft keine Spur!
Nur Wasser deckte ihre Matten
Und floß im Wechsel zu und ab;
Noch heute sind die Rungholtwatten
Ein weites, nasses Totengrab.

(Eugen Traeger.)

Am gleichen Tage sollen auf Sylt das alte Wendingstadt und der Friesenhafen der Zerstörung anheim gefallen sein. Den letzteren haben der Überlieferung nach die Angelsachsen auf ihren Zügen ins britannische Land als Abfahrtshafen benutzt.

Zeitgenossen haben die Zahl der an jenem Unglückstage zwischen Elbe und Ripenersfjord umgekommenen Menschen auf etwa 200000 geschätzt, weshalb diese gewaltige Flut auch den Namen „Manndränke" oder „Manndrankelse" bekommen hat, eine Bezeichnung, die übrigens noch für andere ähnliche Ereignisse in Anspruch genommen worden ist. „Wenn man nun," so äußerte sich Traeger, „fortwährend von solchen Zahlen hört, so drängt sich die Vermutung auf, daß die Schätzungen damaliger Zeit wiederholt nur pessimistischer Abrundung eine so erschreckende Höhe verdanken. Wo hätten denn immer wieder in den sicherlich nicht dicht bevölkerten Küstengebieten die Menschen herkommen sollen, um allein von den Meeresfluten so massenweise verschlungen zu werden!" Man darf ja nicht vergessen, daß, wie solches von Reimer Hansen ausdrücklich hervorgehoben wird, die Chronisten des sechzehnten und siebzehnten Jahrhunderts über die Fluten des zwölften, dreizehnten, vierzehnten und zum Teil auch des fünfzehnten Jahrhunderts außer-

ordentlich wenig sichere Mitteilungen machen und, daß Heimreichs zahlreiche Angaben fast ganz wertlos sind.

Größere Fluten des fünfzehnten Jahrhunderts waren am 22. November 1412, am 29. September 1426, am 1. November 1436, am 6. Januar 1471, am 16. Oktober 1476, am 4. Dezember 1479 und und am 16. Oktober und 22. November 1483. Die bedeutendsten davon scheinen die vom 1. November 1436 und vom 16. Oktober 1483 gewesen zu sein.

Am Allerheiligentage 1530, und am gleichen Tage genau zwei Jahre später brachen die Wogen der Nordsee von neuem mit besonderem Ungestüm in Nordfriesland ein. Dann begann mit den ersten Novembertagen 1570 wiederum eine neue Periode großen Elends in der langen Leidensgeschichte des Friesenvolkes, die ebenfalls eine ungeheure Anzahl Menschenleben zum Opfer gefordert haben soll.

Genauere und bestimmtere Darstellungen von dem durch die Sturmfluten verursachten und heraufbeschworenen Unglück be=

Abb. 28. Dorfstraße in Boldixum.
(Nach einer Photographie von Waldemar Lind in Wyk auf Föhr.)

Abb. 29. Strand von Wyk auf Föhr. (Nach einer Photographie von Waldemar Lind in Wyk auf Föhr.)

sitzen wir erst aus späteren Jahrhunderten, und das erste derartige Ereignis, von dem sich einigermaßen zuverlässige Mitteilungen bis auf unsere Tage erhalten haben, ist wohl die Sturmflut vom 11. Oktober 1634 gewesen. Diese bildet, um hier Traegers Worte zu gebrauchen, einen entscheidenden Zeitpunkt in der Geschichte der schleswigschen Westküste. In seiner im Jahre 1652 erschienenen großen neuen Landesbeschreibung der Herzogtümer Schleswig und Holstein erzählt der ehrenwerte Kaspar Danckwerth von dieser „überaus argen und grausamen Flut, so anno 1634 auf Burchardi durch Gottes Verhängnis inner fünf oder sechs Stunden alle diese Nordfriesische Marschländer übergangen, und den Nordstrand schier ganz dahin gerissen hat, also daß nur das Kirspel Pillworm wieder errettet worden: und ist zu verwundern, daß man zu der Zeit in Holland von überaus großem Sturm weniger von erfolgtem Schaden durch Einbrüche des Meeres nicht gehöret". Und Adam Olearius, der Sekretarius, Mathematikus, Antiquarius und Rat Friedrichs III., Herzogs von Holstein-Gottorp (1600—1671), schreibt darüber in seinem kurzen Begriff einer Holsteinischen Chronik: „Es halten ihrer viel davor, daß dies erschreckliche Unglück und Garauß sie (die Bewohner Nordstrands) unter anderen ihren groben frevelhafften Sünden, auch mit dem Ungehorsam und Rebellion wider ihren frommen Landesfürsten durch einen Fluch ihnen über den Hals gezogen. Matthias Boetius, ihr eigen Landsmann und Pfarrherr gedenket bei Beschreibung des Cataclismi, so sie anno 1615 auch erlitten, ihrer groben Laster, Wildheit und Frechheit mit vielen Worten: daß sie den Todtschlag eines Menschen nur eines Hundes gleich geachtet, daher sie auch damahls solche Straffe wol verdienet hätten."

Es mag hier wohl am Platze sein, etwas bei dem Berichte über jene verhängnisvolle Sturmflut zu verweilen, welchen uns C. P. Hansen in seiner Chronik der friesischen Uthlande in warmempfundener und poetischer Sprache hinterlassen hat. Derselbe fußt größtenteils auf Niederschriften von Augenzeugen und von Zeitgenossen der Katastrophe.

„Endlich kam," so beginnt der Autor, „der jüngste, der schrecklichste Tag des alten Nordstrands, und ich möchte sagen, des alten Nordfrieslands. Noch am 10. Oktober 1634 lag es da, das grüne, von Fett und Fruchtbarkeit erfüllte Tiefland inmitten der finsteren, grollenden See, die Freude, die Kraft, der Stolz und Mittelpunkt der Uthlande, nicht ahnend dessen, was ihm bevorstand, nach hundert trüben Erfahrungen noch immer fest bauend auf den Schutz seiner erst vor kurzem wieder errichteten Teiche. Ringsum lag ein Kranz von Halligen und Hallighütten, die wie seltsam gestaltete und gruppierte Felsen aus der Wasser- und Wattenwüste hervorragten: weiterhin, jenseits derselben, glänzte ein Schaumgürtel der sich brechenden Wellen an den äußeren Sandbänken und Inseln. Im Westen und Süden zogen finstere Wolkenmassen am Himmel herauf, obgleich der Wind noch ruhte. Es war die Totenstille, die oft dem Sturm vorhergeht. Im fernen Westen blitzte es, und als es Abend wurde, die finstere lange Nacht heranschlich, da flüchtete ahnungsvoll der Schiffer wie die Seemöve ans Ufer, die vorsichtige Krähe aber aufs Festland. Die Nacht verging, der Morgen des 11. Oktober kam, der letzte, welchen das altberühmte Nordstrand erlebte. Blutrot stieg die Sonne im Südost hinter Eiderstedt herauf, beschaute noch einmal das schöne, fruchtbare Eiland mit seinem goldenen Ring, mit seinen grünen Wiesen und weidenden Viehherden, mit seinen gesegneten Äckern, seinen Kirchen und Mühlen, seinen stillen Dörfern und zerstreuten Bauernhöfen, seiner emsigen, tüchtigen, Gott und sich selber vertrauenden Bevölkerung; dann verbarg sie sich wie weinend hinter die dichten Wolken, die für den Tag ihr die Herrschaft stahlen. Noch einmal läuteten die Kirchenglocken die gläubigen Christen zum Gottesdienst in die Kirchen — denn es war eben Sonntag. Noch einmal scharten sich die Schlachtopfer betend in den heimatlichen Gotteshäusern, stimmten noch einmal ein Loblied dem Herrn an, während der Donner schon über ihre Häuser rollte und der Regen sich in Strömen ergoß. Noch einmal sammelten sich die Familien an ihrem freien Eigentumsherd und um den gefüllten Tisch im Frieden, nicht ahnend, daß es das letzte Mal sein würde."

Ein ungeheurer Sturmwind aus Südwesten kommend brach los, dessen Ungestüm sich den Tag über immer mehr und mehr steigerte, und gegen neun Uhr abends geschah das Entsetzliche, daß im Verlaufe einer einzigen Stunde das Meer durch 44 Teich-

mehr als 6200 Menschen und 50000 Stück Vieh dort ertrunken; da waren die Teiche der Insel an zahllosen Stellen zerstört; da

Abb. 30. Blick auf das Watt zwischen Föhr und Amrum.

brüche in die Köge stürzte. Schon um zehn Uhr war die Insel vernichtet, und Nordstrand hatte aufgehört zu sein. „Da waren

lagen 30 Mühlen und mehr als 1300 Häuser zertrümmert danieder; da war vernichtet die Heimat und das Glück von mehr als 8000

Abb. 31. Peterswerft auf Langeneß vor dem Einsturz.
(Nach einer Photographie von Waldemar Lind in Wyk auf Föhr.)

Menschen. Nur die Kirchtürme und Kirchen ragten, obgleich auch beschädigt, aus diesem wilden Chaos, aus diesem großen Kirchhofe wie kolossale Grabmäler hervor. Der kalte Nordwest hatte unterdessen in der Nacht über die Trauerscene geweht, jedoch der Sturm sich allmählich gelegt. Nur 2633 Menschen hatten diese Schreckensnacht, hatten den Untergang ihrer Heimatinsel überlebt, blickten aber jetzt trostlos auf die verödeten Land- und Häusertrümmer, auf die zerrissenen Deiche und das frei ein- und ausströmende erbarmungslose Meer, auf die im Wasser und Schlamm umherliegenden Menschen- und Tierleichen, auf die zerstörten und verdorbenen Geräte und Vorräte und vor allem auf den nahen Winter mit seinem Frost und Schnee, mit neuen Stürmen und Fluten und neuem Elend, und auf ihr eigenes nacktes Dasein inmitten dieser Wasserwüste und dieser wilden Elemente."

Der gelehrte und in diesen Blättern schon genannte friesische Chronist Anton Heinrich Walther, der 30 Jahre lang (1656—1685) Prediger an der Kirche der Hallig Nordstrandisch-Moor gewesen ist, fügt seinem eigenen Bericht über den 11. Oktober 1634 noch die Worte hinzu: „Es ist aber der Wasserfluth nicht genug gewesen, sondern es hat auch Gott der Herr viele daneben mit der Feuerruthe gestrafet, indem eines Theils aus Unvorsichtigkeit, anderen Theils aus Ungestümigkeit der Winde ihr Feuer ihre eigenen Häuser, darauf sie gesessen und den Tod stündlich erwartet, hat

eingeäschert, also daß sie einen zwiefachen Tod vor ihren Augen haben sehen müssen, auch wol, wie man Exempel weiß, aus Furcht vor dem Feuer selbst in's Wasser gesprungen und sich also ersäuft, da man sonst noch das Leben hätte retten können. Und ist nicht ungläublich, daß mehrermeldeter ungeheurer Sturmwind mit einem Erdbeben vermenget gewesen."

Von der Mitte der Insel Nordstrand waren nur einige Halligen übriggeblieben, die im Laufe der Zeit bis auf wenige Überreste nach und nach gänzlich von den Meereswogen verschlungen worden sind. Eines dieser Überbleibsel bildet die heutige Hallig Nordstrandisch-Moor, ehemals ein in der Mitte des alten Nordstrand befindliches, hoch belegenes Moor, auf welches sich ein Teil der Einwohner geflüchtet hatte. Sie bauten sich hier Werften, Häuser und 1656 sogar eine eigene Kirche und nährten sich in der Folge von Fischfang, Schiffahrt, Schafzucht und Torfgraben. Auch Nordstrandisch-Moor hat hernach noch viele böse Zeiten erleben müssen, mehrfach sind die brandenden Wogen der Nordsee wieder über die Hallig hinweggezogen und Elend und Not haben sie in noch mannigfacher Weise heimgesucht. Ihre letzten Unglückstage waren der 1. Dezember 1821 und dann wieder der 4. Februar 1825, an denen die Meereswellen die Kirche zusammengerissen haben, die seither nicht wieder aufgebaut worden ist. Die Kirchwerft steht heute verlassen da. Der letzte Geistliche, welcher in dem zerstörten Gotteshause seines Amtes gewaltet hat, war Johann Christoph Bier- natzki, der berühmte Verfasser der Novelle „Die Hallig". Seine darin niedergelegte ergreifende Schilderung der Sturmflut von 1825 ist längst ein Gemeingut des deut- schen Volkes geworden.

Das westliche Ende des alten Nord- strand, Pellworm, wurde später mit Hilfe der Holländer wiedergewonnen, das östliche, das jetzige Nordstrand, erst viele Jahre nachher wieder eingedeicht. Von den 40000 Demat, welche die Insel eben vor der Flut noch maß, sind jetzt, nach 276 Jahren, kaum der dritte Teil wieder dem Meere entrissen.

Es mangelt uns hier an Raum, um weiter von den Zerstörungen zu berichten, welche die Sturmflut von 1634 noch an anderen Stellen der deutschen Nordseeküste angerichtet hat. Die Schätzung Hansens, daß dieselbe in allen ehemaligen nord- friesischen Uthlanden etwa 9089 Menschen, in ganz Nordfriesland ca. 10300 mensch- liche Wesen, in allen Marschländern der cimbrischen Halbinsel jedoch deren an 15000 zum Opfer gefordert habe, dürfte kaum zu hoch gegriffen sein.

Im achtzehnten Jahrhundert verzeichnet die Chronik eine ganze Anzahl von Unglücks- tagen, welche das stürmische und wildbewegte Meer über die friesischen Lande herauf beschworen hat. Da war es der Christtag 1717, an dem, fünf Tage nach dem Voll- mond, bei heftig wütendem Südwestwinde, der in der Nacht nach Nordwesten umsprang, das Wasser an der Küste um eine ganze Elle höher gestanden haben soll als im Jahre 1634. Schon um die dritte Stunde des Weihnachtsmorgens war das ganze Land überschwemmt, aber erst gegen acht Uhr hatte die Flut ihren höchsten Stand erreicht. Die Halligen, die Inseln Föhr und Sylt, Dith- marschen und das Land nördlich der Eider mußten alle gewaltig unter dem Andrang des Wassers leiden. Auf Langeneß durch- wühlten die Wogen den Kirchhof und rissen die Särge aus ihren Gräbern. In Süderdith- marschen kamen 468 Menschen und 6530 Stück Vieh um, 1067 Häuser wurden zer- stört. Man begann überall sofort, soweit das bei der Witterung im Winter angängig war, die entstandenen Schäden wieder aus- zubessern, allein schon zwei Monate später, am 25. Februar 1718, entstand abermals ein entsetzliches Unwetter, das eine neue Überflutung zur Folge hatte. Der Sturm

Abb. 32. Auf der Hallig Oland.
(Nach einer Photographie von W. Dreesen in Flensburg.)

trieb das Wasser der Nordsee in ungewöhn=
liche Höhe über die Inseln und Marschen
Frieslands hinweg, zerbrach die Eisdecke
des inneren Haffes, schob die Eistrümmer
aufeinander und führte sie mit sich gegen
die Ufer und Deiche, ja zum Teil weit in
das Land hinein, so daß die Wirkungen
dieser Sturmflut teilweise noch viel zer=
störender wurden, als diejenigen der Weih=
nachtsflut.

Eine weitere Katastrophe ereignete sich
in den Tagen des 9. zum 11. September
1751, wobei unter anderen die Insel Föhr
durch einen fünffachen Teichbruch stark in Mit=
leidenschaft gezogen wurde. Dann ist der
Oktobersturm von 1756 (7. Oktober) nicht zu
vergessen, der von gewaltigen Teichbrüchen
und Unheil aller Art begleitet gewesen ist.
„Auf Gröde," so erzählt Hansen, „schien eine
Auferstehung der Toten vor sich zu gehen.
Die aus den Gräbern des dortigen Kirch=
hofes durch die tobenden Wellen heraus=
gespülten Särge stießen die Wand des
dortigen Pastorates ein und stürzten in
die Stube desselben."

Nachdem schon der Dezember 1790 sehr
sturmreich gewesen war — allein während
dieses Monats werden sieben Sturmtage ge=
zählt —, brachte das Jahr 1791 eine wahre
Unzahl von Stürmen, deren stärkster mit
einer großen Wassersflut am 21.—22. März
erfolgte. Noch gewaltiger tobten aber die auf=
geregten Wellen der See in der Zeit vom
4. zum 11. Dezember 1792, bei vorherrschen=
dem Südwest und nachher wieder, wie ge=
wöhnlich nach Nordwesten umspringendem
Winde. Die friesischen Teiche litten überall
in hohem Maße: nur noch „wie Klippen
ragten die besonders arg mitgenommenen
Teiche Pellworms aus dem wogenden und
schäumenden Meere hervor", und die
dortigen Köge sollen sogar meist sechs Fuß
unter Wasser gestanden haben. Von Föhr
und von verschiedenen Stellen des Fest=
landes werden ebenfalls viele Teichbrüche
gemeldet, und die Marschen blieben dort
noch geraume Zeit vom salzigen Wasser
bedeckt, das sich nur langsam verlief.
Übrigens ereigneten sich schon wieder am
18., 19. und 21. Dezember neue, wenn
auch viel schwächere Stürme.

Kaum waren die so arg heimgesuchten
Bewohner wieder etwas zur Besinnung ge=
kommen, als bereits am 3. März 1793 und

am 26. Januar 1794 neuer Schrecken und
Not über Nordfriesland hereinbrachen.

Traeger hat die Höhen einzelner Fluten
des achtzehnten Jahrhunderts zusammen=
gestellt. Sie betrugen:

Anno 1717 . . . . . . 20 Fuß
 „ 1751 . . . . . . 20 „ 2 Zoll,
 „ 1756 . . . . . . 20 „ 5 „
 „ 1791 . . . . . . 20 „ 2 „
 „ 1792 . . . . . . 20 „ 6 „

Zum letztenmal in größerem Umfang
ist die friesische Küste am Ende des neun=
zehnten Jahrhunderts der Tummelplatz der
zerstörenden Wellen gewesen. Das ist in
der denkwürdigen Nacht vom 3. zum
4. Februar 1825 geschehen. In vielen Dingen
soll dieses grausige Ereignis den Sturm=
fluten von 1634 und 1717 ähnlich ge=
wesen sein. Auch diesmal kam der Sturm
erst aus Südwesten und drehte dann nach
Nordwesten um. Sylt, Amrum, Föhr, am
meisten aber die Halligen und Pellworm
wissen von dieser Unglücksnacht zu erzählen.
In mehr als 100 Häuser auf der erst=
genannten Insel drangen die Wasserströme
ein, viele davon wurden zerstört, und das
kleine, verarmte Dorf Rantum ging fast
ganz verloren. Föhrs Teiche brachen an
fünf verschiedenen Stellen: seine Mar=
schen wurden überschwemmt, zwei Menschen=
leben, viele Kühe und 4000 Schafe kamen
in den Wellen um. Auf den Halligen
standen vor dieser Sturmflut 339 Häuser;
davon waren 79 ganz verschwunden und
233 durch das Wasser unbewohnbar ge=
worden. Auf Hooge ertranken 28 Menschen,
30 auf Nordmarsch und Langeneß, 10 auf
Gröde. Die von den Wellen verschont ge=
bliebenen Halligbewohner saßen durchnäßt,
hungernd und frierend auf den Trümmern
ihrer Wohnstätten, fanden aber durch die
Barmherzigkeit der Föhringer fast alle Ob=
dach und freundliche Aufnahme in Wyk auf
Föhr. Manche blieben für immer dort,
andere siedelten sich auf dem Festlande an,
die übrigen kehrten bald wieder auf ihre
verödeten Heimstätten zurück und fingen von
neuem an zu bauen an Werften und Häusern.
Nur Norderoog ist nach dieser Flut nicht
wieder bewohnt worden. Im Sommer
1825 ist König Friedrich VI. von Däne=
mark selbst nach den nordfriesischen Inseln
gekommen, um sich persönlich von dem un=
haltbaren Zustand an den Westmarken seines

Abb. 31. Die Häuser der Hallig Gröde. (Nach einer Photographie von W. Dreesen in Flensburg.)

Abb. 34. Haus der Hallig Gröde.
(Nach einer Photographie von W. Dreesen in Flensburg.)

Reiches zu überzeugen. Das Königshaus auf der Hallig Hooge erinnert heute noch an diesen seltenen Besuch. Seither ist manches geschehen, um den bestehenden Übelständen abzuhelfen und das gefährdete Land vor neuem zerstörenden Anprall der Nordseewogen zu beschützen. Im Laufe der Jahre hatte man gelernt, daß die Eindeichung des Landes die größte Gefahr bringt, solange sie nicht auch gegen die höchste Flut Sicherheit zu gewähren vermag. „Während selbst das empörteste Meer und die höchste Flut machtlos über den uneingedeichten ebenen Rasen rollt, vernichtet die Sturmflut, welche den Deich zerbricht, nicht bloß diesen, daß er in ruinenhaften Trümmern stehen bleibt und maßlose Erdopfer zu seiner Wiederherstellung braucht, sondern an der Stelle des Bruches entsteht auch durch den Wasserfall ein ausgewühlter, tiefer Kolk, eine Wehle, die sich wohl immer und immer wieder als neue Angriffsstelle darbietet. Auch das innerhalb des Kooges beackerte, also seiner Rasendecke beraubte Land wird bis zu jener Tiefe abgeschält, die dem Aus- und Einlaufen der Fluten entspricht, und geht da-

durch, wenn neue Eindeichung nicht bald möglich ist, gänzlich verloren, wird wieder zu Watt. Leider ist diese Erfahrung so spät gewonnen, daß der größte Teil des alten Nordfrieslands verloren war, als man lernte, die Kraft des ganzen Hinterlandes zu verwenden, um den Schutz gegen das Meer zu einem wirklich vollständigen zu machen" (Meyn).

Die heutigen, gegen die verflossenen Zeiten so sehr veränderten Verkehrsverhältnisse ermöglichen das Heranziehen großer Arbeitermengen, und dadurch ist nach dem Landesbaurat Eckermann, aus dessen Geschichte der Eindeichungen in Norderdithmarschen wir citieren, der Deichbau der Jetztzeit gegen die früheren Jahrhunderte in außerordentlich günstiger Lage. In alter Zeit war jede Kommune bei den Eindeichungen auf ihre eigenen Kräfte angewiesen; nur bei ganz außergewöhnlichen Aufgaben wurden die benachbarten Harden und Kirchspiele auf fürstlichen Befehl mit zu der Arbeit herangezogen. Dammbauten zwischen den Halligen und dem Festlande helfen neuerdings zur Befestigung und Rettung der Inseln.

V.

Land und Leute.

Bei Emmer-
drup, gegen-
über der klei-
nen dänischen
Insel Manö,
beginnt der
deutsche Teil der Nordseeküste und zieht sich in etwa
nordsüdlicher Linie bis zu
der Elbmündung hin. Von
hier nimmt ihr Verlauf eine westöstliche
Richtung und erreicht an dem Einfluß der
Ems ins Meer und am Dollart die holländische Grenze. Wie wir schon weiter oben
gesehen haben, trägt das deutsche Gestade
an der Nordsee den Charakter einer Doppelküste, indem der mannigfach gegliederten
Festlandsküste eine Inselküste vorgelagert ist,
der Überrest eines großen, im Laufe der
Äonen zerstörten und vormals bis weit nach
Westen reichenden Areales. Zwischen beiden
Küstenlinien dehnt sich das Watt aus, das
vor den Einmündungen der Eider, Elbe,
Weser und Ems Unterbrechungen erleidet,
aber längs der Unterläufe dieser Ströme
seine Fortsetzung in das Flachland hinein
in der Gestalt der Flußwatten besitzt. Neben
diesen Wasserläufen ergießen sich noch eine
beträchtliche Anzahl von kleineren Flüssen
in das deutsche Meer, so von Schleswig-
Holstein her die Bredau, die Wiedau bei
Hoyer, die Husumer Au, die Miele bei Meldorf u. s. f., und die zahlreichen Küstenflüsse
in Hadeln und Wursten, Butjadingen, im
Gebiete der Jade und in Ostfriesland.

Es ist in allerneuester Zeit die Ansicht
ausgesprochen worden, daß in den sogenannten Baljen, welche die einzelnen ostfriesischen Inseln voneinander trennen, die
Fortsetzung etlicher dieser Gewässer zu
suchen sein könnte, ebenso, wie an der
Westküste von Schleswig-Holstein die dort
ins Meer fallenden Wasserläufe in Verbindung mit den ihren Mündungsstellen
entsprechenden Tiefen stehen dürften, so die
Brönsau im äußersten Norden unseres

Abb. 35. Küche des Gröder Hauses.
(Nach einer Photographie von W. Dreesen in Flensburg.)

Gebietes mit dem Jnvrer Tief, die Wiedau mit dem Römer Tief, die Eider mit dem Süderhever, die Miele mit dem Norder-piep u. s. f.

Die Inselküste gliedert sich in die zur cimbrischen Halbinsel gehörige Kette der nordfriesischen Eilande. Röm oder Romö ist das nördlichste derselben, dann folgen das lang gestreckte Sylt und Amrum, mehr landeinwärts und von Amrum gedeckt, Föhr, hierauf die Gruppe der Halligen mit Nord-strand und Pellworm. Vor dem linken

Was nun das Klima anbetrifft, so schreibt Penck darüber, daß nicht die Boden-gestaltung die klimatischen Verschiedenheiten einzelner Teile Norddeutschlands bedinge. Die geographische Breite im Verein mit der mehr oder minder großen Nähe des Meeres erweist sich dagegen als Hauptfaktor bei der Bestimmung der Temperatur und Regenverhältnisse eines Ortes. Die wärm-sten Gegenden sind im Westen, im Bereiche der großen Moore belegen, und längs der Ems findet man mittlere Jahrestemperaturen

Abb. 36. Einholen des Netzes beim Sandspierenfang.

Ufer der Elbemündung erhebt sich Neuwerk aus den Fluten und weit draußen, rings von der offenen Nordsee umspült, steigt der rote Felsen Helgolands mit seinen Riffen aus dem Wasser empor. Wangeroog er-öffnet den ostfriesischen Inselkranz, dem weiter Spiekeroog, Langeoog, Baltrum, Norderney, Juist und Borkum bilden, und der sich jenseits der deutschen Meeresgrenze längs der niederländischen Küste über die Zuidersee hinaus fortsetzt. Von der viel-gestaltigen Gliederung der Festlandsküste mit den Halbinseln Eiderstedt, Dieksand u. s. f. ist schon weiter oben kurz die Rede gewesen.

von 9° und darüber. Die Regenmenge auf den nordfriesischen Inseln erhebt sich bis auf 1000 mm; in den Moorgegenden beträgt dieselbe an 800 mm.

In politischer Beziehung gehören die Lande an dem deutschen Nordseegestade mit alleiniger Ausnahme des Gebietes der freien Städte Hamburg und Bremens, sowie des oldenburgischen Küstenstriches dem König-reich Preußen, und zwar den Provinzen Schleswig-Holstein und Hannover an.

Mit Ausnahme einiger weniger Stellen, an denen anstehendes Gestein zu Tage tritt (Helgoland, Stade, Hemmoor, Umgebung von

Abb. 37. Seehundsjäger.

Altona und an anderen Orten, Lägerdorf bei Itzehoe, Schobüller Berg bei Husum), das dem Zechstein, der Trias, der Kreide und dem Tertiär angehört, nehmen ausschließlich nur Diluvium und Alluvium, in den Dünen und dem Flugsande auch Gebilde äolischer Art an dem Aufbau der Lande an der deutschen Nordseeküste teil. Aus dem Diluvium besteht der innere Kern des Küstenlandes, der wiederum in der Tiefe auf älteren Formationen aufruht. Da und dort tritt diese Quartärbildung hervor, jedoch wird sie auch vielfach von Alluvium und zwar von Mooren und Marschen, oder von Dünen überlagert. Vom geographischen Standpunkte aus sind zu unterscheiden: die Geest und die Marsch. Schon vor 50 Jahren hat Bernhard von Cotta den zwischen den beiden ebengenannten Bildungen bestehenden Gegensatz also definiert: „Die Marsch ist niedrig, flach und eben, die Geest hoch, uneben und minder fruchtbar. Die Marsch ist kahl und völlig baumlos, die Geest stellenweise bewaldet, die Marsch zeigt nirgends Sand und Heide, sondern ist ein ununterbrochener fetter, höchst fruchtbarer Erdstrich, Acker an Acker, Wiese an Wiese; die Geest ist heidig, sandig und nur stellenweise bebaut. Die Marsch ist von Deichen und schnurgeraden Kanälen durchzogen, ohne Quellen und Flüsse, die Geest hat Quellen, Bäche und Ströme." Der eigentliche Geest- oder Heiderücken, ursprünglich nur mit Heide, Brahm und verkrüppelten Eichen bestanden und Roggen als Ackerfrucht tragend, wird von einem schwach lehmigen, aber sehr eisenschüssigen Sande bedeckt, der gewöhnlich reich an Grand und stark abgerundeten Geröllen ist. Nicht selten liegen einzelne Riesenblöcke umher, welche von den germanischen Ureinwohnern zu ihren Steinsetzungen und zur Herstellung ihrer Hünengräber verwendet worden sind. Breite Thäler unterbrechen zuweilen den Geestrücken, von grobem Sande ohne Rollsteine erfüllt oder auch wirkliche Moorsümpfe tragend. Man hat diese Erscheinungen zum Unterschiede von der eigentlichen Geest auch als Blachfeld bezeichnet. Der Sand des letzteren ist alluvialen Alters, während die sandigen Lagen der eigentlichen Geest, der Geschiebedecksand, noch dem Diluvium zugerechnet werden müssen, wie auch der an manchen vom letzteren freien Stellen des Bodens zu Tage tretende Geschiebe- resp. Moränenmergel. Weiter nach der Küste zu entwickelt sich aus dem Blachfelde die von steinleerem, mehligem Sande bedeckte Heideebene oder Vorgeest, deren unfruchtbarste Teile durch die unzugänglichen Einöden der Hochmoore gebildet werden oder von Binnenlandsdünen durchzogen sind, Sandschollen und Sandhügel, die der Wind aus dem Heidesand aufgetürmt hat. Solche Hochmoore befinden sich in ganz besonders großartiger Entfaltung im westlichen Teil der deutschen Nordseeküstenländer, am stärksten im Gebiete zwischen den Mündungen der Weser und Ems. Im Regierungsbezirk Aurich entfallen 748,8 Quadratkilometer = 24,6% der Bodenfläche auf Moor,

Abb. 38. Nordstrand. Partie am Norderhafen. (Liebhaberaufnahme von A. Höck in Nordstrand.)

im Regierungsbezirk Osnabrück 1249,9
Quadratkilometer = 20,5%, im Regierungsbezirk Lüneburg 776,4 Quadratkilometer = 7%, im Regierungsbezirk Stade
1877,6 Quadratkilometer = 28,2%, im
Großherzogtum Oldenburg 945,4 Quadratkilometer = 18,6%. Etwa 27 500 Quadratkilometer Moorlandes befinden sich innerhalb der Grenzen des Deutschen Reiches,
und davon kommt auf die Provinz Hannover mit Oldenburg zusammen allein beinahe der vierte Teil, ungefähr 6525 Quadratkilometer. Schleswig-Holsteins Moorflächen schätzt man auf 1500 Quadratkilometer, von denen etwa ein Drittteil auf
das eigentliche Areal der Nordseeküste zu
stellen wäre, und wenn man die Wasserscheide zwischen Nord- und Ostsee als östliche Grenzlinie unseres Areals ansehen
wollte — was in rein geographischem Sinne
seine Richtigkeit hätte —, so müßte der
weitaus beträchtliche Teil dieser Zahl dazu
gerechnet werden.

Man hat in unserem Gebiet zweierlei
Moorbildungen zu unterscheiden, nämlich
die Grünlands-, Wiesen- oder Niederungs-
moore und die Hochmoore. Die ersteren
bestehen vorwiegend aus den Resten von
Gräsern, Scheingräsern, Moosen und Sumpf-
wiesenpflanzen und sind reich an wichtigen
Pflanzennährstoffen, so an Stickstoff und Kalk.
Wir finden diese Art Moore in den Niederungen, den Thälern träge fließender Gewässer, die zur Versumpfung des Geländes
Anlaß geben. Ihre Erhebung über den
Wasserspiegel ist nur sehr gering. In den
weiten Flußthälern des Nordwestens sind
sie in großer Ausdehnung vorhanden,
beispielsweise im Ge-
biet der Wümme und
Hamme, die vereint
als Lesum in die
Weser fließen.

Die verbreitetste
Moorart im deutschen
Nordwesten stellen je-
doch die Hochmoore
dar, die dort unge-
heure Flächen be-
decken. Sphagneen
(Torfmoose), einzelne
grasartige Pflanzen,
als Simsen und Woll-
gräser und heide-
krautartige Gewächse
nehmen an ihrer Zu-
sammensetzung teil.
Die Hochmoore zei-

Abb. 39. Ein Mövennest.
(Nach einer Photographie von Wolffram & Co. in Bremen.)

gen eine Art von Schichtung, indem deren untere Lagen gewöhnlich sehr dicht, ziemlich stark zersetzt, dunkel gefärbt und nicht selten reich an Holzresten sind, während die oberen häufig hell, locker, faserig und mit bloßem Auge schon als Reste von Torfmoosen erkennbar sind. „Diese letzteren besitzen ein außerordentlich hohes Vermögen, das Wasser aufzusaugen und festzuhalten, sie bilden einen ungeheuren, wassererfüllten Schwamm, Generationen auf Generationen wachsen empor, solange die Feuchtigkeit ausreicht, und gehen unter, um dem eigentümlichen Prozeß der Vertorfung zu verfallen: nicht selten erheben sich die centralen Teile des Hochmoors merklich über die Umgebung, was zur Entstehung des Namens Veranlassung gegeben haben mag. In unberührtem, jungfräulichem Zustand trägt die Oberfläche unserer Hochmoore ein dichtes, üppiges Torfmoospolster, in dem spärlicher oder zahlreicher Simsen und Wollgräser, und nach dem Grade der natürlichen Abwässerung Heidekräuter eingestreut erscheinen. Hin und wieder fristet eine Kiefer oder eine Birke ein kümmerliches Dasein. In unzähligen Lachen und Rinnsalen steht das braune Moorwasser: ein Beschreiten des schwankenden Bodens ist unmöglich oder mit großer Vorsicht nur zu sehr trockener Zeit oder im Winter, bei Frost ausführbar" (Tacke).

Da, wo das Gebiet der Vorgeest von Bächen durchzogen wird, die vom Blachfeld herkommen, tritt die Heidebildung zurück, und ihre Stelle nimmt eine dem Acker- und Wiesenbau zugängliche Grasvegetation ein, die zur förmlichen Sandmarsch wird und an manchen Stellen in die eigentliche Marsch übergeht. Dieser Übergang wird nicht selten durch graswüchsige Grünlandsmoore vermittelt.

Ohne ihre landschaftlichen Reize ist die Heide übrigens nicht, und sie bietet dem Beschauer gar oftmals ganz herrliche Stimmungsbilder, denen eine gewisse schwermütige Färbung zu eigen ist. Meisterlich hat es der schleswig-holsteinische Schriftsteller und Dichter Wilhelm Jensen verstanden, in seinen Werken die eigentümlichen, düsteren Reize der Heide in seiner Heimat zu schildern, und ein wundervolles Bild davon rollt uns Theodor Storm in seinem „Abseits" betitelten Gedicht auf:

Es ist so still: die Heide liegt
Im warmen Mittagssonnenstrahle,
Ein rosenroter Schimmer fliegt
Um ihre alten Gräbermale,
Die Kräuter blühn; der Heideduft
Steigt in die blaue Sommerluft.

Laufkäfer hasten durchs Gesträuch
In ihren goldnen Panzerröckchen,

Abb. 40. Meldorf.

Die Bienen hängen Zweig um Zweig
Sich an der Edelheide Glöckchen,
Die Vögel schwirren aus dem Kraut —
Die Luft ist voller Lerchenlaut.

Wenn uns so der große Sohn Husums die Heide in der Schwüle eines heißen Sommertages zeigt, im rotvioletten Schimmer ihrer blühenden Erica, so hat uns Herman Allmers, der Friesendichter, eine nicht minder herrliche Beschreibung der Heidelandschaft gegeben, wenn sie mit ihren weiten Flächen im Zwielicht der Dämmerung oder in der gespenstigen Beleuchtung des Mondscheins daliegt:

Wenn trüb' das verlöschende letzte Rot
Herschimmert über die Heide,
Wenn sie liegt so still, so schwarz und tot,
Soweit du nur schauest, die Heide;
Wenn der Mond steigt auf und mit bleichem Schein
Erhellt den granitenen Hünenstein,

Und der Nachtwind seufzt und flüstert darein
Auf der Heide, der stillen Heide.

Das ist die Zeit, dann mußt du gehn
Ganz einsam über die Heide.
Mußt achten still auf des Nachtwinds Wehn
Und des Mondes Licht auf der Heide;
Was du nie vernahmst durch Menschenmund,
Uraltes Geheimnis, es wird dir kund,
Es durchschauert dich tief in der Seele Grund
Auf der Heide, der stillen Heide.

Ein Marschgürtel von verschiedener Breite
(an der Küste Schleswig-Holsteins von 7
bis 22 Kilometer) umgibt das deutsche
Küstenland an der Nordsee von Hoyer in

sagt L. Meyn, „sieht man das sonst schwarz-
graue Watt auf weite Flächen vom Lande
aus mit dunkelgrüner Farbe bedeckt. Der
Landmann sagt: das Watt blüht. Im
Sonnenschein wird das Grün heller, es
trocknet ein und wird schließlich zu einer
gelben oder braunen Kruste, aus unzähligen
Fäden einer Konferve zusammengefügt, welche
vorher während der Bedeckung lang hin-
gestreckt mit dem Ebbe- oder Flutstrom im
Wasser schwankten.“

Die zarten, schnell wachsenden Keime
dieser Kryptogamen, welche unendlich ver-

Abb. 41. Binnenhafen zu Brunsbüttel.
(Nach einer Photographie von Th. Backens in Marne.)

Nordschleswig bis zu den Grenzpfählen der
Niederlande. . Es ist das dem Meere wieder
abgerungene und durch Deiche vor seiner
Zerstörungswut geschützte Land, Watt, das
urbar gemacht und in kulturfähigen Zustand
übergeführt worden ist. Dies wird bewirkt
durch geeignete Vorrichtungen, als die zapfen-
förmig in das Meer hineinreichenden, sogenannten Schlengen oder Lahnungen, lange
mit Pfählen befestigte Buschdämme und
durch Auswerfen von sehr breiten, aber
ganz flachen Gräben, in denen sich bei richtiger
Anlage und unter günstigen Verhältnissen
der Schlick rasch ablagert. „Im Frühling,“

breitet sind, finden ihren Halt, indem sie
sich auf die weichen Teile des Schlicks heften.
Mit jeder neuen Flut aufgeweicht oder
neugesät, erscheinen sie von neuem, beitragend
zur Vermehrung der Masse und zur Befestigung des neuen Bodensatzes. Mit be-
zeichnendem Namen ist diese nur in Massen
sichtbare Pflanze als „landbildend“ (Con-
ferva chtonoplastes) in der Naturgeschichte
eingeführt.

Wenn die Anschlickung nun schon so
hoch geworden ist, daß die gewöhnliche Flut
sie täglich nur noch kurze Zeit bedecken kann,
so erscheint ein Gewächs, das „zu den auf-

Abb. 12. Kaiser Wilhelms-Kanal. Eisschleuse. (Nach einer Photographie von Th. Badems in Warne.)

fallendsten Gestalten im ganzen deutschen Pflanzenschatze gehört". Das ist der Queller oder Quendel (Salicornia herbacea, L.). Dasselbe besitzt das Aussehen eines fetthennenartigen, fausthohen, vollastigen Pflänzchens mit vielen Ästen und Abzweigungen, das vermöge dieser letzteren besonders geeignet ist, den Schlick festzuhalten. Noch im Bereiche der Wellen, als wären sie künstlich in den Sand gesteckt, finden sich bereits einige Individuen des Quellers; landaufwärts zeigen sich immer mehr und gehen dann ziemlich rasch, aber immer nur der

(Lepigonim marinum L., Plantago maritima, L., Armeria maritima, Willd.), das Seegras, die Meergrasnelke, der Strandwermut u. s. f.

Ihnen allen gelingt es aber nicht, den Queller zu verdrängen: das vollbringt nur die sich nun in gewaltiger Masse ausbreitende Binsenlilie (Juncus bottnicus, Wahlenb.), „die den bezeichnenden Namen Drückdahl erhalten hat, weil sie alles Höherwachsende niederdrückt".

Nun wächst die Anschlickung immer mehr und mehr, bis sie jene Höhe bekommen hat,

Abb. 13.　Kaiser Wilhelms-Kanal. Brunsbütteler Schleuse.
(Nach einer Photographie von Th. Backens in Marne.)

Böschung gerecht werdend, in einen ganz geschlossenen buschigen Rasen über.

Durch stetiges Auffangen des Schlammes erhöhen und festigen die Quellergewächse die Wattflächen, und in stillen Buchten, wo keine heftige Strömung oder große und stürmische Fluten diesen Prozeß störend unterbrechen, kann der Anwuchs bis zu 50 Meter im Jahre groß werden, während das geringste Maß auf 2 Meter geschätzt wird. Allmählich stellen sich dann noch andere Pflanzen ein, darunter fleischige Salzpflanzen (Salsola Kali, L., Atriplex arenaria, Woods, u. s. f.), Sandkräuter von kleinem Wuchse

wo sie durch das Regenwasser genügend von den immer seltener werdenden salzigen Überflutungen der See ausgesüßt werden kann. Wenn das der Fall geworden ist, müssen die vorgenannten Gewächse dem Graswuchse weichen. Bald entstehen denn auch auf dem so dem Meere entstiegenen Vorlande dichte Rasen von zwei Gräsern, Glyceria distans, Wahlenb. und Glyceria maritima, Drej. der Andel, die reiches Futtergras und äußerst wertvolles Heu liefern. Wenn sich nun im Laufe der Jahre der Boden noch mehr erhöht und seinen Salzgehalt fast gänzlich verloren hat, so ist die Zeit gekommen, sein

Abb. 41. Kaiser Wilhelms-Kanal. Binnenhafen am Brunsbüttelerweg. (Nach einer Photographie von Th. Ladens in Marne.)

Areal vor dem ferneren Eindringen des Meeres dauernd zu schützen. Es hat nun alle hierzu erforderlichen Eigenschaften erhalten, es ist „deichreif" geworden, und das deutsche Küstenland kann einen Koog (an der schleswig-holsteinischen Küste) oder Polder (westlich der Elbe) mehr zu seinem Gebiete zählen.

Die Deiche, in einigen Gegenden auch Kaje genannt (das französische Wort quai ist ja bekannt), welche im Landschaftsbild als hohe, grasbewachsene Wälle erscheinen, die jede Fernsicht abschneiden und den Horizont der Marsch recht einförmig begrenzen, umranden das ganze Gebiet unserer Nordseeküste und ziehen sich bis weit in die Unterläufe der großen Wasserläufe hinein. Nur an wenigen Stellen, auf der langen Linie zwischen dem Dollart und Hoyer und zwar da, wo Geest oder Dünen bis an den Meeresstrand vorrücken, setzt diese Deichumwallung aus. Dies ist der Fall beim Dorfe Dangast am Jadebusen, in der Nähe von Cuxhaven, an der Hitzbank bei St. Peter in Eiderstedt und am Schobüller Berg bei Husum. Nach der Seeseite zu sind diese 6—8 Meter über der gewöhnlichen Fluthöhe sich erhebenden, grasbewachsenen Deiche sanft abgeböscht, und zuweilen ist hier ihr Fuß mit starken Pfählen berammt oder mit großen Steinsetzungen bewehrt, um sie widerstandsfähiger gegen den Andrang der Wogen zu machen. Förmliche Steindossierungen an besonders exponierten Stellen kommen ebenfalls vor. Nach dem Lande zu fällt der Deich ziemlich steil ab, etwa mit 45° Neigung. Im allgemeinen dürfte die Breite des Deichfußes 15—40 Meter betragen, diejenige des Kammes oder der Kappe ungefähr 2—4 Meter.

Um dem Binnenwasser Abfluß zu verschaffen, ebenso um dessen Wasserläufe in schiffbarer Verbindung mit dem Meere zu erhalten, sind die Deiche mit Schleusenanlagen, mit Sielen versehen, deren Thore durch die aufkommende Flut geschlossen, bei Niedrigwasser jedoch durch den Druck der davor angesammelten Binnengewässer wieder geöffnet werden.

Die Unterhaltung ihrer Deiche ist eine der Hauptsorgen der Marschbewohner und eine nicht minder kostspielige Sache, als deren Aufbau. Nach Jensen waren zur Eindeichung eines Kooges in der tondernschen

Marsch von 670 Hektar Größe 6,5 Kilometer Deich notwendig, zu rund 700 Mark Kosten für das Hektar. Nach dem Genannten erforderte der 14,32 Kilometer Gesamtlänge besitzende Osterlandföhrer Deich in dem Zeitraum von 1825—1880 etwa 300 000 Mark für Verstärkung und Verbesserung, außerdem noch jährlich an 37 318 Mark für Strohbestreifung und ähnliche Dinge, ein Betrag, der von den Besitzern der 2591,56 Hektare deichpflichtiger Marschländereien aufgebracht werden mußte. Durch die Deichverbände wird für diese Instandhaltung bestens gesorgt. Das Herzogtum Schleswig hat beispielsweise drei solche Vereinigungen, deren eine die Marschen des früheren Amtes Tondern, 32 Köge mit 32 500 Hektaren, die zweite diejenige des vormaligen Amtes Bredstedt, 40 Köge mit 20 500 Hektaren, und die dritte diejenige des früheren Amtes Husum, Eiderstedt u. s. f. mit ungefähr 31 800 Hektaren Marschlandes umfaßt. Holsteins Marschen sind in sechs größere Deichverbände eingeteilt, so derjenige der Wilstermarsch, der Süderdithmarschens, derjenige Norderdithmarschens u. s. f.

Übrigens darf nicht zu früh zur Eindeichung geschritten werden, und Hand in Hand mit derselben muß auch eine rationelle Entwässerung des neueingedeichten Landes vor sich gehen, damit das letztere nicht unter allzu großer Nässe zu leiden hat, wie dies z. B. mit dem Stedinger Lande am linken Weserufer der Fall ist.

Dem „blanken Hans", so nennt der Nordfriese die Nordsee, hat man im Verlaufe der Jahrhunderte an der Westküste Schleswigs etwa 120 Köge abgerungen, die in ihrem gegenwärtigen Bestand ungefähr 900 Quadratkilometer umfassen. „Von den 20 000 Hektaren," sagt Jensen, „welche Nordstrand 1634 verloren, sind 6700 Hektare wieder gewonnen worden, während im übrigen seit 1634 an der ganzen schleswigschen Westküste etwa 130 Quadratkilometer eingenommen worden sind. Seit 1860 haben 2252 Hektare Fläche mit 2 476 000 Mark Wert dem Überschwemmungsgebiete des Meeres entzogen werden können. Wie demnach die Watten der ausgebreitete Kirchhof der Marschen sind, so sind also die Marschen Koog an Koog ein ebenso langer Triumphzug des Menschen über die Natur."

Der auf diese Weise gewonnene Boden, der Marschklei, ist von äußerster Fruchtbarkeit; derselbe besitzt eine zu ungewöhnlichen Tiefen reichende, fast gar nicht schwankende Zusammensetzung der tragfähigen Krume und ist in ausgezeichneter Weise für den Anbau des Korns, der Öl- und der Hülsenfrüchte geeignet. Natürlich ist dementsprechend auch der Wert des Landes in den Marschen ein hoher. So sind im jüngsten Kooge an der Westküste der Herzogtümer, im Kaiserin Auguste Viktoria Kooge im April 1900 für 367 Hektare 1038850

flüssige Wasser aus den Gräben und kleineren Kanälen fort und dann durch die Schleusen bei Ebbezeit in die See. Wie schon weiter oben bemerkt wurde, trägt die Marsch keinerlei größere Holzungen, dagegen sind die Wohnstätten oftmals von ansehnlichen, wohl gepflegten Baumgruppen umgeben, welche von der Ferne gesehen den Eindruck kleiner, schattiger Haine beim Beschauer erwecken.

Schon Plinius erwähnt in seiner Naturgeschichte jene von Menschenhand aufgeworfenen Hügel, worauf das armselige Volk an den Gestaden des germanischen

Abb. 45. Kaiser Wilhelms-Kanal. Hochbrücke bei Grünenthal.

Mark erzielt worden, so daß der Durchschnittspreis für 1 Hektar 2617 Mark beträgt. Der höchste Preis für 1 Hektar war 3000 Mark, der niedrigste 1500 Mark.

Innerhalb des vom großen See resp. Außendeich umwallten Landes liegen vielfach kleine Erdwälle, die Sommerdeiche, welche größere Landkomplexe umschließen und gegen Überschwemmung von seiten der die Marschländereien durchziehenden Kanäle schützen sollen, teilweise auch ehemalige durch Gewinnung vom neuen Vorlande außer Dienst gesetzte Seedeiche sind. Windmühlen und andere derartige Anlagen schaffen das über

Meeres seine Hütten erbaut hatte. Auf solchen Erhöhungen, die entweder aus gewachsenem Boden bestehen, also natürliche Erhebungen des Erdreiches darstellen, oder künstlich gemacht worden sind, steht die größte Mehrzahl der menschlichen Ansiedelungen in den Marschlanden. Man nennt diese Hügel Warsen, Warften, Würten, Worsten, Werften und Wurthen.

In seinem interessanten Werke über die Städte der norddeutschen Tiefebene in ihren Beziehungen zur Bodengestaltung hat der Königsberger Geograph Hahn auf die Lage der Städte in unserem Areale, als Rand-

Abb. 46. Itzehoe.
(Nach einer Photographie von H. Mehlert in Itzehoe.)

städte an der Grenze zwischen Geest und Marsch aufmerksam gemacht. Der Boden der eingedeichten Marschlande mit seinem hohen Wert war offenbar kein günstiger Bauplatz für größere Ortschaften und Städte. Man wollte das kostbare Land nicht durch Bebauung der Kultur entziehen, andererseits aber auch Haus und Hof vor etwaigen Überschwemmungen schützen, und darum suchte man sich besonders dort, wo das Marschgebiet nicht mehr so breit war, den nahebelegenen Geestrücken zur Errichtung der Ansiedelungen aus. Von dort ließen sich die Marschareale gut übersehen und ebenso bequem bewirtschaften. So liegt z. B. Hoyer auf einem Geesthügel, der rings von Marschwiesen umgeben ist, dagegen macht Tondern eine Ausnahme, und seine niedere Lage ist wohl mit Rücksicht auf die Ausnützung der Schiffahrtsgelegenheit gewählt worden. Bredstedt, Husum, Garding in Eiderstedt, Lunden, Heide, Meldorf, Itzehoe gehören zu dieser Art von Randstädten, hinwiederum sind Wesselburen und Marne typische Marschorte. Ebenso ist Hamburg ursprünglich auf der schmalen Geestzunge erwachsen, welche Elbe und Alster trennt. Erst später griff sein Weichbild über auf

das Marschland. Dann müssen links des Elbstroms Harburg, Buxtehude, Horneburg an der Lühe, Stade, Varel und Jever hier genannt werden, ebenso in Ostfriesland Wittmund, Esens und Norden. Zu denjenigen Randstädten, welche zwar auf Geestboden erbaut sind, der aber mehr von Moor als von Marsch oder ganz von ersterem umgrenzt wird, wären Aurich, Weener und Bunde, alle drei in Ostfriesland, zu zählen.

Sehr verschieden ist die Größe der Volksdichte im Geest-, Moor- und Marschland. Auf den Geestflächen Schleswig-Holsteins beträgt sie 30—40 Seelen auf den Quadratkilometer, in den Gegenden der großen Moore sinkt sie sogar öfters unter 30 herab, während in den Marschen an 80 Menschen den Quadratkilometer Land bewohnen. Der Stader Marschkreis weist eine Volksdichte von 75 Einwohnern für den Quadratkilometer auf, der Stader Geestkreis nur eine solche von 42 Seelen für die gleiche Fläche.

Dänen im Norden, Friesen, Sachsen, eingewanderte Holländer in den Marschen, Sachsen auf der Geest, das sind die Volksstämme, welche die deutsche Nordseeküste bewohnen. Die ursprünglichen Landsassen

waren wohl die germanische Völkerschaft der
Chauken, welchen Tacitus das Lob gespendet
hat, der edelste Stamm unter den Germanen
zu sein, gerechtigkeitsliebend, ohne Gier nach
fremdem Hab und Gut, mann und wehr-
haft. Die großen Sachsenzüge nach England im fünften Jahrhundert entvölkerten
das Land, und die Friesen nahmen, von
Westen her vordringend, die leer gewordenen
Wohnplätze der Chauken ein. Noch zur
Römerzeit reichten die Ansiedelungen dieses
ersteren Volkes im Osten nur bis zur Ems.
So kamen die Friesen auch auf die cimbrische
Halbinsel und machten die Treene und Wiedau
zur Grenze ihrer Ansiedelungen. Von Hattstedt bei Husum bis nach Hoyer und auf
den nach ihrer Bevölkerung benannten nordfriesischen Inseln ist heute noch dieses Element
unter den eigentlichen Einwohnern des Landes
vorherrschend. Jenseits der Elbe hat Kehdingen eine aus Sachsen und Friesen ge-
mischte Bevölkerung, Wursten, das Vieland,
Wührden und Osterstade sind ganz friesisch,
und bis oberhalb Bremen läßt sich am rechten
Weserufer der friesische Charakter, wenn auch
nicht allgemein, so doch da und dort nachweisen. Auch an der linken Seite der Weser
finden sich mitten im Sachsenlande friesische
Enklaven. Stedingerland, Stadland, Butjadingen und die ganze Provinz Ostfriesland

mit Ausnahme des Lengener Landes gehören
völlig den Friesen an. Dithmarschen und die
Geestgebiete der cimbrischen Halbinsel sind
sächsisch, ebenso wird links der Elbe das
Land Hadeln von Sachsen bewohnt, während
im Alten Lande und teilweise in den Elbmarschen eingewanderte Holländer sich nieder-
gelassen haben.

Diese Verschiedenheit in der Abstammung
der Bewohner unserer Nordseeküste kommt
naturgemäß auch in ihrem Körperbau und
ihrem Charakter, in ihren Sitten und Ge-
bräuchen, ihrer Sprache, Tracht und in der
Art ihrer Wohnstätten zum Ausdruck. So
ist beispielsweise der Marschfriese von breit-
schultriger, nicht über das Mittelmaß der
Höhe hinausgehender Gestalt, stark, mit
breiten Händen und seinem, schlichtem hell-
farbigen Haar, hellblauen oder grauen
Augen, weißer Gesichtsfarbe und rundlichem
Antlitz, meist ohne scharf ausgeprägte Züge.
Sein Charakter ist ernst, zuweilen sogar
finster, er wird nicht leicht fröhlich, wenn
er aber lustig wird, so hat seine Heiterkeit
leicht etwas Gewaltsames. Das Sprichwort: „Frisia non cantat" ist ja bekannt.
Schwer geht der Friese aus sich heraus,
zeigt aber großen Hang zum Aufwand und
zur Pracht, ist von peinlicher Sauberkeit
und stolz auf seinen von seinen Vätern dem

Abb. 47. Elmshorn.

4*

Meere abgerungenen Besitz. Dagegen ist der Sachse schmächtiger und hagerer gebaut, hat lange Beine und einen kurzen Oberkörper, ein schmales Gesicht und ausgeprägte Züge. Bewunderungswürdig ist die Heimatsliebe der Friesen. Wie weit sie auch in der Welt herumkamen, wie groß auch der Wohlstand war, zu dem sie es dort gebracht hatten, Länder und Städte draußen hatten keinen Reiz für sie, immer und immer wieder zog sie ihre meerumspülte Heimat an. Hier war es am schönsten und besten: nach langem Umherfahren auf den Meeren dieser Erde

Wissenschaft sind dem deutschen Volke in den Ländern an der Nordsee erwachsen. In Heide in Norderdithmarschen kam der Sänger des Quickborn, Klaus Groth, zur Welt, Wesselburen darf sich rühmen, der Geburtsort eines der Größten unter unseren Großen im Reiche der Geister, Friedrich Hebbels, zu sein, in Husum, der grauen Stadt am Meer, hat Theodor Storm die Sonne zum erstenmal gegrüßt. Zu Rechtenfleth in Osterstade weilt noch heute Hermann Allmers, der Friesendichter, und Garding in Eiderstedt hat den weltbekannten Historiker Theodor Mommsen zum Landsmann.

Abb. 18. Uhlenhorst, mit Fährhaus.
(Nach einer Photographie im Verlag von Conrad Döring in Hamburg.)

hier ausruhen und in Frieden sterben zu dürfen, das war ihr Wunsch vor Zeiten, das ist auch heute noch die Sehnsucht, die jeder Nordseefriese in den geheimen Falten seines Herzens birgt. Das mag wohl, so hat schon vor anderthalbhundert Jahren der Halligmann Lorenz Lorenzen gesagt, darin seinen Grund haben, weil sie auf der ganzen Welt keinen besseren Fleck finden konnten, als ihr Heim, wo sie geboren und erzogen waren!

Dem Friesen wird eine hervorragende Begabung für die Mathematik nachgerühmt, ein Umstand, der übrigens wohl auch für den Niedersachsen volle Geltung hat. Eine Reihe großer Männer in Litteratur und

In Jever in Ostfriesland sind der Geschichtschreiber Schlosser und der Chemiker Mitscherlich geboren. Die schaffende Tonkunst hat an den deutschen Nordseegestaden weniger ihr Heim gefunden, doch hat auch sie unter den hier zur Welt gekommenen Männern einen hoch bedeutenden Namen zu verzeichnen, denjenigen von Johannes Brahms, der zwar von Geburt Hamburger, aber, wenn wir nicht irren, von dithmarsischer Abkunft ist. Dagegen ist unser Areal unter den ausübenden Tonkünstlern recht gut vertreten. Für die plastischen Künste ist von jeher viel Sinn an unseren Nordseeküsten geweien; die wundervoll geschnitzten Schränke und

Abb. 49. Außenalster und Binnenalster.

Abb. 50. Hamburger Hafen. Abendstimmung.
(Nach einer Photographie von W. Dreesen in Flensburg.)

Truhen, die man allenthalben in wohlhabenderen Häusern noch finden kann, der berühmte Swynsche Pesel aus Lehe, jetzt in Meldorf, und des großen Bildschnitzers Hans Brüggemann Werke, so das Altarblatt im Schleswiger Dom, legen beredtes Zeugnis dafür ab. Prächtige Schilderungen von den Halligen und aus dem Volksleben der Friesen, die wir dem Pinsel der noch jetzt wirkenden Meister Alberts und Jessen verdanken, haben weit und breit die verdiente Anerkennung gefunden, und die Worpsweder Schule durfte in der Darstellung ihrer stimmungsvollen Bilder aus dem Moor nicht minder große Erfolge verzeichnen. Die Städte und Ortschaften an der Westküste Schleswig Holsteins haben leider mit der Zeit so manche Gebäude, die ihrer Architektur einen bestimmten Stempel aufgedrückt hatten, verloren. Doch wird dem Auge des aufmerksamen Beschauers auch in Husum oder Tondern noch vielerlei Schönes und Beachtenswertes auffallen. Durch den großen Brand von 1842 erhielt Hamburg eine veränderte Physiognomie, und ein großer Teil der alten Stadt fiel den Flammen zum Raub. Andere alte, wenn auch vom Standpunkte der Baukunst

nicht besonders in Betracht fallende Stadtviertel mußten den neuen Hafenanlagen weichen, und so ist denn heute Deutschlands reichste und größte Handelsstadt durchweg eines besonderen architektonischen Charakters bar. Hinwiederum bietet Bremens Altstadt desto mehr, und da und dort in den Städten links der Elbe und in Ostfriesland sind noch manche Bauten erhalten geblieben, die an vergangene Pracht und Herrlichkeit erinnern und wohltuend von dem modernen Kasernenstil abstechen, der sich auch hier, wie anderswo, breit zu machen anfängt.

Auf dem Lande dagegen und in den kleineren Ortschaften tragen die Wohnstätten auch heute noch ihr eigentümliches Gepräge. Da treffen wir in den von den Sachsen eingenommenen Gebieten auf die sächsische Bauart der Häuser. Lange, schornsteinlose Gebäude, deren Ende der Straße zugekehrt liegt, und die am Giebelende eine Einfahrt haben, charakterisieren dieselbe. Wenn wir das Haus durch die letztere betreten, kommen wir auf die Diele, die auch als Tenne dienen muß: rechts und links davon befinden sich die Ställe, in denen das Vieh mit seinen Köpfen nach

innen zugekehrt steht. Der Einfahrt gegen
über erblicken wir den oben gewölbten,
schornsteinlosen Herd, dessen Rauch unter
der Decke hinzieht und zum Einräuchern
von Speckseiten, Würsten ꝛc. benützt wird.
Dahinter, am anderen Ende des Hauses,
sind die Wohn- und Schlafräume der
Familie. Zuweilen, so in Dithmarschen, tritt
am oberen Ende der Diele noch ein großer
Raum, der Pesel, hinzu. Hölzerne Pferde-
köpfe am Ende der First schmücken meist
noch das Haus.

Der Hauberg, Heuberg oder kurzweg
„Berg" ist friesischen Ursprungs. Sein
Name will so viel besagen als Bergeplatz
des Heus. Hauberge kannte man schon
im Mittelalter in den Niederlanden, und
gegen Ende des sechzehnten Jahrhunderts
tauchten sie bereits in der Gegend zwischen
Ems und Weser und in Ostfriesland auf.
Von hier aus breitete sich diese Bauart
über Eiderstedt aus, wo dieselbe vor einem
Menschenalter noch die herrschende war,
und ging sogar auch noch weiter nach
Norden bis in die Umgegend von Tondern.
Das charakteristischste Merkmal am Hauberg
ist der von vier bis sechs hohen Pfosten
getragene Vierkant, westlich von der Elbe
Gulf genannt, ein Raum von sechs bis
acht Metern im Quadrat, bei den älteren

Gebäuden hoch wie eine Kirche. Selbst
an sonnenhellen Sommertagen ist er düster,
da Licht nur durch ein einziges Loch im
First einfällt, das zuweilen 50 Fuß über
dem Fußboden angebracht ist. Der gewaltige Dachraum wird zum Unterbringen
des Heues oder auch als Kornmagazin benutzt. Um den Vierkant liegen, wie die
Seitenschiffe einer Kirche um das Haupt-
schiff, vier weitere langgestreckte Räume,
deren vorderster, meist nach Süden gekehrt,
die Wohnung des Besitzers und seiner
Familie birgt. Auch hier trägt die größte
Stube den Namen Pesel. Gegen Osten
und Norden befinden sich die Ställe, gegen
Westen die Tenne. Zumeist ist der Hauberg auf einer Werft erbaut, die wiederum
von einem fünf bis acht Meter breiten
Graben umgeben ist und in vergangenen
Zeiten durch eine Zugbrücke mit der Umgebung verbunden war, die in der Gegenwart durch feste Stege ersetzt wird.

Die anglisch dänische Bauart, die wir
im Norden finden, ist wiederum anderer
Gestalt. Hier stellen die Gebäude eines
Hofes ein Viereck dar, das den Hofplatz
einschließt. Eine Seite des Vierecks bildet
das mit einem ebenfalls als Pesel be-
zeichneten Raume versehene Wohnhaus, welches Schornsteine besitzt, und von dem Stall,

Abb. 51. Hamburger Segelschiffhafen.

Scheune und andere Nebengebäude streng
gesondert sind. Das Vieh steht in den
Ställen mit den Köpfen der Außenwand
zugekehrt.

Selbstverständlich kommen in den verschiedenen Landstrichen wiederum mancherlei Abweichungen in der Bauart der Häuser
vor, und in der neueren Zeit gar ver-
wischt sich da und dort der landesübliche
Stil, und Wohnungen moderner Art treten
an seine Stelle. Das alte Strohdach verschwindet mehr und mehr, mit Schiefer
oder Dachpfannen gedeckte Dächer kommen
dafür auf, und die von den Ureltern her-

Was die Sprache anbetrifft, so hat das
Plattdeutsche die friesische Mundart heutzutage fast vollständig verdrängt. Friesisch wird
heute nur noch im oldenburgischen Sater-
lande, auf den ost- und den nordfriesischen
Inseln gesprochen und ist aber auch hier
im Aussterben begriffen. In konfessioneller
Beziehung gehören die Bewohner unserer
deutschen Nordseeküste fast durchgängig dem
protestantischen Glauben an.

„Marsch, Geest und Moor," so sagt
Hermann Allmers einmal in seinem
Marschenbuch, „vergegenwärtigen uns ge-
wissermaßen die menschlichen Temperamente.

Abb. 52. Hamburger Hafen und Werft von Blohm & Voß.

stammenden Schränke, Truhen und andere
Haushaltungsgeräte kunstvoller Art werden
verschachert und müssen modernen Möbeln
und neumodischem Tand weichen.

Ebenso ist es mit den Trachten, die
nur noch bei besonderen Gelegenheiten getragen werden oder auch überhaupt gar
nicht mehr. Hier ebenfalls hat die städtische Kleidung das Alte und Schöne
fast schon ganz ersetzt, und die Zeit ist
vielleicht nicht mehr allzu ferne, in der
auch der letzte Rest davon von dem Moloch
Mode verschlungen sein wird. Und so geschieht es noch mit vielen anderen Dingen,
auf die wir wegen Mangels an Raum
nicht mehr näher eingehen können.

Die Marsch repräsentiert, auf den ersten
Blick erkennbar, das Phlegmatische. Die
leichte Geest dagegen ist durch und durch
sanguinisch. Hier ist alles Wechsel, bald
ernst, bald heiter, bald dürr, bald fruchtbar, bald Thal, bald Hügel, hier dämme-
riger Wald, dort schattenlose Sandwüste;
hier grünender Wiesengrund und wallende
Kornfelder, dort steiniges unfruchtbares
Heideland; hier rauschende Mühlenbäche,
dort stille, rohrumflüsterte Teiche — alles
in schroffen Gegensätzen, wie der Ausdruck
eines sanguinischen Gemüts. Wie das Geest-
vieh leichter und lebhafter ist, als das Vieh
der Marsch, so oft auch der Menschenschlag. Im Moor endlich findet die tiefste

Abb. 53 Sandthorkai und Freihafenlagerhäuser. (Nach einer Photographie im Verlag von Conrad Döring in Hamburg.)

Melancholie ihren Ausdruck, welche der köstlichste Frühlingsmorgen und der sonnigblaueste Sommertag nicht ganz verschenken können, der aber bei trübem, wolkigem Himmel, im Spätherbst und zur Winterszeit wahrhaft grauenerregend auf die Seele zu wirken vermag."

VI.

Geschichtliches.

Es leuchtet ein, daß ein von so verschiedenartigen Volksstämmen bewohntes und

Tritt der römischen Legionen wird wohl ihren Boden kaum berührt haben, wenn ihre Adler auch an den Mündungen des Elbstroms aufgepflanzt gewesen sein dürften. Um so mehr Unruhe hat aber die Zeit der Völkerwanderung in das schleswig-holsteinische Land getragen. Von hier aus wanderten die Cimbern und Teutonen in den sonnigeren Süden, von hier aus zogen Hengist und Horsa mit ihren Mannen nach Britannien hinüber. Als es in der germanischen Welt wieder etwas ruhiger geworden war und die einzelnen Volksstämme

Abb. 51. Fleet zwischen Deichstraße und Cremon.
(Nach einer Photographie im Verlag von Conrad Döring in Hamburg.)

im Laufe der Jahrhunderte so vielen verschiedenen Herren unterthan gewesenes Areal wie das Land, welches die deutsche Nordseeküste umsäumt, auch eine höchst wechselvolle Geschichte hat. Nun ist es nicht unseres Amtes, eingehendere Ausführungen darüber zu machen, ganz abgesehen vom Mangel an Platz dafür, so daß wir uns hier auf einige allgemeine Bemerkungen über dieses Thema zu beschränken haben werden.

Die cimbrische Halbinsel hat schon im grauen Altertum mannigfache Schicksale über sich ergehen lassen müssen. Der eherne

dauernd seßhaft wurden, da kamen von Norden und von Osten her andere Eindringlinge ins Land. Hier Slaven, dort Dänen. Erstere berührten freilich die Gegenden an der Nordsee kaum, dagegen hat es bis in die Gegenwart hinein von seiten der dänischen Nachbarn nicht an stetig erneuten und nie erlahmenden Versuchen gefehlt, sich des meerumschlungenen Landes zu bemächtigen. Und diese Umstände sind nicht zum geringsten Teil maßgebend geworden für die ferneren Geschicke der Herzogtümer. Am Maria-Magdalenentage 1227 schlug der Holsteiner Graf Adolph IV.

den Dänenkönig Waldemar II. aus dem Felde, und bei Oldenswort und Wildenburg mußte König Abel der friesischen Streit

in die neuere Zeit hinein. Die Bauernrepublik der Dithmarschen war den Holsten und den Dänen schon lange ein Dorn im

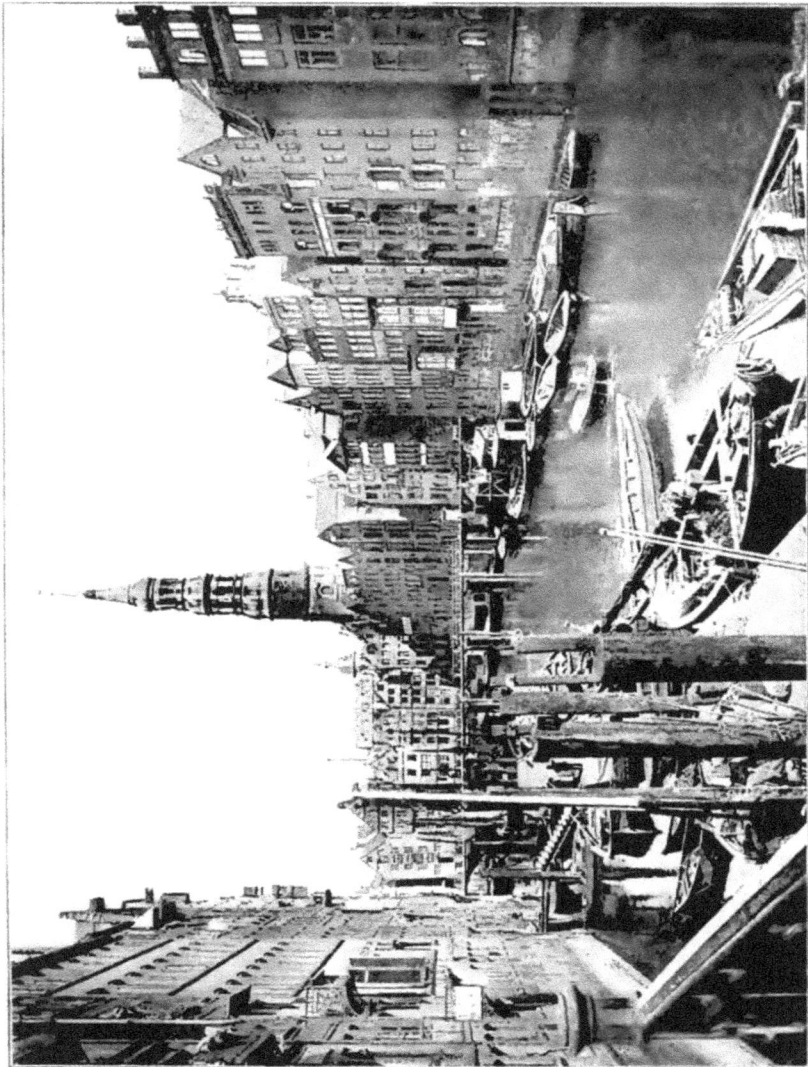

Abb. 25. Fleet bei der Reimersbrücke, mit Katharinenkirche. (Nach einer Photographie im Verlag von Conrad Döring in Hamburg.)

macht, die er zu unterjochen gedachte, durch eilige Flucht weichen. Jahrhunderte hindurch folgte dann noch Fehde auf Fehde bis

Auge, und mit vereinten Kräften zogen sie los, um den kleinen Staat zu vernichten. Der aber war auf der Hut, und beim

Abb. 56. Winserbaum in Hamburg.

Dusenddüwels-Warf bei Hemmingstedt in Dithmarschen kam es am 17. Februar 1500 zur blutigen Schlacht. Zwar blieben die Bauern dieses Mal noch Sieger, aber die Stunde, welche ihrer Unabhängigkeit ein Ende machen sollte, war nicht mehr fern, und im Entscheidungskampf bei Heide wurde ihnen durch Heinrich Rantzau ihre Selbständigkeit für immer genommen.

Von den Schreckensjahren des großen Religionskrieges ist Schleswig-Holstein schwer heimgesucht worden. Als Kreisoberster von Niedersachsen rückte bekanntlich Christian IV. von Dänemark, Herzog von Schleswig-Holstein, ins Feld und zog sich nach dem verhängnisvollen Tage bei Lutter am Barenberge in seine Stammlande zurück. Tilly und der Friedländer folgten ihm eilends nach, und so wurde Schleswig-Holstein ein großes Schlachtfeld. Dann kamen nach dem Frieden zu Lübeck die Zeiten des dänisch-schwedischen und hierauf die Tage des großen nordischen Krieges; Steenbock verheerte das Land. Mit Anbeginn des Jahrhunderts sahen die Herzogtümer wiederum fremde Söldnerscharen innerhalb ihrer Grenzen. Das Jahr 1848 brachte die erste Erhebung, und die Totenglocken Friedrichs VII. am 15. November

1863 waren zugleich das Grabgeläut für die dänische Herrschaft im Lande. Am Morgen des 18. April 1864 hat der Danebrog zum letztenmal auf dem schleswig-holsteinischen Festlande geweht, am 29. Juni des gleichen Jahres wurde auch Alsen, die letzte Insel des Landes, über der er noch flatterte, frei vom dänischen Joch.

Einige der wichtigsten Begebenheiten in der Geschichte der beiden Hansastädte Hamburg und Bremen werden wir bei der Besprechung und Schilderung dieser letzteren selbst bringen.

Mancherlei Ähnlichkeiten mit der Geschichte der Herzogtümer Schleswig-Holsteins hat diejenige der Herzogtümer Bremen und Verden. Hier waren es die Bischöfe, die fast in ständiger Fehde mit den Bewohnern der Marschlande links der Elbe lagen. Die Macht der Kirchenfürsten verfiel aber immer mehr und mehr im fünfzehnten Jahrhundert, und das sechzehnte Säkulum brachte die Reformation, die 1521 bereits in Hadeln, 1522 durch Heinrich von Züphen in Bremen eingeführt wurde. Erzbischof Christoph von Verden wollte zwar ihrer Verbreitung mit allen Mitteln Einhalt thun, doch hinderten ihn seine langen Kämpfe mit den Wurstern daran, dies mit

Erfolg zur Ausführung zu bringen. 1567 trat Eberhard von Holle, Bischof von Verden, zum evangelischen Glauben über, kurz darauf that Erzbischof Heinrich III. von Bremen ebenso. Von nun ab folgte die fast hundertjährige Periode der protestantischen Bischöfe, und nur kurze Zeit über wurde gemäß dem Restitutionsedikt der katholische Gottesdienst in Verden und Stade wiederhergestellt. Der Westfälische Friede verwies die Herzogtümer an Schweden, unter dessen Scepter sie bis 1719 blieben. Hierauf nahm Hannover Besitz davon, wie denn auch das Land Hadeln um 1773 nach Aussterben der Herzöge von Lauenburg an diese Regierung kam. Während der Napoleonischen Herrschaft zu Beginn des neunzehnten Jahrhunderts wurden bekanntlich alle deutschen Küstenländer an der Nordsee dem französischen Kaiserstaate einverleibt. 1811 wurden dieselben mit dem Königreich Westfalen, später abermals mit Frankreich vereinigt. Nach dem Sturze des korsischen Eroberers fielen diese Lande wieder ihren rechtmäßigen Fürsten zu und blieben unter deren Scepter, bis 1866 Hannover eine preußische Provinz geworden ist.

Der in der Geschichte berühmt gewordenen Kämpfe der Stedinger gegen die Erzbischöfe von Bremen im dreizehnten Jahrhundert mag hier ebenfalls mit einigen Worten Erwähnung gethan werden. Letztere veranstalteten förmliche Kreuzzüge gegen die Stedinger, die zuvor als Ketzer erklärt und vom Papst in den Bann, vom Kaiser in die Reichsacht ge-

than worden waren. Erst war der Erfolg auf seiten der braven Bauern; mehrfach schlugen sie den gegen sie aufgebotenen Heerbann zurück, mußten aber am 27. Mai 1234 bei Altenesch unterliegen, und damit war auch ihr Schicksal besiegelt. Ein im Jahre 1834 errichteter Obelisk erinnert heute noch an diesen Kampf, in dem die tapferen Stedinger für Freiheit und Glauben gefallen sind.

Unter den Vasallen Heinrichs des Löwen werden bereits Oldenburger Grafen genannt. Nach deren Aussterben gegen die Mitte des siebzehnten Jahrhunderts fiel ihr Land in den Besitz der dänischen Könige und der Herzoge von Schleswig Holstein Gottorp. Als Herzogtum Holstein-Oldenburg erscheint es im Jahre 1777 zuerst, Friedrich August von Holstein-Gottorp,

Abb. 57. Steckelhörn in Hamburg.
Nach einer Photographie im Verlag von Conrad Döring in Hamburg.

Bischof von Lübeck, eröffnet die Reihe seiner selbständigen Fürsten. Zu Beginn des Jahrhunderts war Oldenburg französisches Land, 1813 wurde das Herzogtum aber wiederhergestellt, und 1829 nahm Paul Friedrich August den Titel eines Großherzogs an.

Ostfriesland, das sogenannte Emder Land, war ehemals eine unabhängige Grafschaft, die seit dem Jahre 1454 unter der Regierung des Cirksena stand. Seine Herrscher erhielten 1654 den Rang von Reichsfürsten. 1744 starb der letzte Cirksena, der Fürst Carl Edzard, und nach dessen Tode nahm Friedrich der Große das Land

Es rauscht kein Wald, es schlägt im Mai
Kein Vogel ohn' Unterlaß:
Die Wandergans mit hartem Schrei
Nur fliegt in Herbstesnacht vorbei,
Am Strande weht das Gras.

Doch hängt mein ganzes Herz an dir,
Du graue Stadt am Meer;
Der Jugendzauber für und für
Ruht lächelnd doch auf dir, auf dir,
Du graue Stadt am Meer.

So hat ein großer Sohn Husums, so hat der am 14. September 1817 hier geborene Dichter von Immensee und vom Schimmelreiter seine Vaterstadt mit wenigen Strichen gekennzeichnet. In einer seiner

Abb. 58. Hamburg, von Steinwärder gesehen.
(Nach einer Photographie im Verlag von Conrad Döring in Hamburg.)

für Preußen in Besitz. 1807 kam aber Ostfriesland an Holland, wurde dann auf kurze Zeit wieder preußisch, hierauf nochmals an Hannover abgetreten, bis es 1866 wieder unter Preußens Oberhoheit kam. Heute bildet Ostfriesland den Regierungsbezirk Aurich.

VII.
Von Husum nach Tondern und an die Grenze Jütlands.

Am grauen Strand, am grauen Meer
Und seitab liegt die Stadt:
Der Nebel drückt die Dächer schwer,
Und durch die Stille braust das Meer
Eintönig um die Stadt.

Novellen entwirft Theodor Storm allerdings ein etwas heitereres und sonnigeres Bild von der grauen Stadt am Meer. „Es ist nur ein schmuckloses Städtchen, meine Vaterstadt; sie liegt in einer baumlosen Küstenebene und ihre Häuser sind alt und finster. Dennoch habe ich sie immer für einen angenehmen Ort gehalten, und zwei den Menschen heilige Vögel scheinen diese Meinung zu teilen. Bei hoher Sommerluft schweben fortwährend Störche über der Stadt, die ihre Nester unten auf den Dächern haben; und wenn im April die ersten Lüfte aus dem Süden wehen, so bringen sie gewiß die Schwalben mit, und ein Nachbar sagt's dem anderen, daß sie da sind."

Ein schmuckloses Städtchen am Rande von Geest und Marsch! Je nun, aber mit Einschränkungen! Denn es hat etwas an sich, was manchen anderen Städten und Städtlein Schleswig Holsteins fehlt: es heimelt einen an, um einen süddeutschen Ausdruck für dieses Gefühl zu gebrauchen. Und dann birgt das kleine Husum doch noch einige Erinnerungen an die alte Zeit seines nunmehr verblichenen Glanzes in seinen Mauern, an die dahingeschwundenen Tage, da „die vor Kurzem so floriante Stadt" noch nicht in „Decadence" geraten

wegen Baufälligkeit, zu Beginn des neunzehnten Säculums abgebrochen. Damals machte im Volksmund der Spottvers die Runde:

Te Tönninger Tom is hoch und spitz;
Te Husumer Herrn hemm Verstand in de Mütz!

1829 wurde die Kirche durch ein Gotteshaus ersetzt, dem man besonders Schmeichelhaftes leider nicht nachsagen kann. Die schönste Zierde der Marienkirche war das vom großen Bildschnitzer Hans Brüggemann, der ein Sohn Husums gewesen sein soll, gefertigte Sakramentshäuschen, welches leider verschwunden ist. Vor hundert Jahren

Abb. 59. Schnelldampfer „Auguste Victoria".
(Nach einer Photographie im Verlag von Conrad Döring in Hamburg.)

war, wie in seinem Theatrum Daniae Erich Pontoppidan berichtet. Da stehen noch etliche schöne alte Häuser, deren Zahl freilich mit jedem Jahr geringer wird, und dann das Schloß, welches Herzog Adolph I. von 1577—1582 an der Stelle eines alten Franziskanerklosters errichten ließ, „mit großen Kosten und dessen verwittibten Herzoginnen des Gottorfischen Hauses zur Residenz gewidmet".

Durch die Größe und Schönheit ihrer Hallen und den reichen Schmuck ihres Inneren erfreute sich die gotische Marienkirche in verflossenen Jahrhunderten eines großen Ruhmes. Im Jahre 1474 erbaut, um 1500 vergrößert, wurde sie, angeblich

soll es noch in irgend einem Winkel des Städtchens in sehr verdorbenem Zustand herumgestanden sein.

Ja, Husum hat bessere Tage gesehen, und wenn es auch heute noch der bedeutendste Ort an Schleswigs Westküste ist, weithin bekannt durch seine großen Viehmärkte und die bedeutende Ausfuhr von Rindern und Schafen — der jährliche Geldumsatz auf dem Viehmarkt dürfte gegenwärtig 28—30 Millionen Mark betragen —, so will das doch nichts sagen gegen die hohe Blüte, in welcher die Stadt im sechzehnten und bis ins siebzehnte Jahrhundert hinein gestanden hat. Heinrich Rantzau schreibt im Jahre 1597 von Husum: „Eine reiche

Abb. 60. Deutsche Seewarte.
(Nach einer Photographie von Strumper & Co. in Hamburg.)

und ansehnliche und mit Flensburg wetteifernde Stadt, mit berühmtem Seehafen und Handel aus Schottland, England, Holland, Seeland durch viele eigene Schiffe, in kurzer Zeit zu hohem Wohlstand erwachsen. Ihr Aussehen zeugt von erstaunlichem Reichtum; darin und auch an Größe übertrifft sie eigentlich alle Städte des Herzogtums."

Im siebzehnten Jahrhundert haben auch „die zwei vortrefflich gelahrte Männer" Caspar Dankwerth und Johannes Meyer hier gelebt, der erstere als Bürgermeister und als „Geographus, der das große und rühmenswürdige Werk: Landes-Beschreibung der beyden Herzogthümer Schleswig und Holstein genannt, abgefaßt, der zweyte aber als Mathematicus, der die dabey befindliche viele Speciale Land-Karten und Grund Risse der Städte verfertiget".

Eine Aue fließt an der Stadt vorbei und mündet in den Hever. Trotz des zur Ebbezeit fast wasserleer daliegenden Hafens, der nur von Fahrzeugen mit geringem Tiefgang benützt werden kann, ist die Schiffahrt, welche Husum auf dem Wattenmeere mit Nordstrand, Pellworm und den Halligen unterhält, durchaus nicht unbedeutend.

Wenn wir uns von Husum nordwärts begeben, sehen wir vor uns einen breiten Geestrücken, den Schobüller Berg. Ein Spaziergang auf denselben lohnt sowohl in landschaftlicher, als auch in naturwissenschaftlicher Hinsicht aufs beste. Es ist ein ganz eigenartiges Bild, das sich auf diesem Wege vor uns aufrollt. Langsam steigt die sandige Straße an, und bald tritt zur Rechten der hohe Kirchturm von Hattstedt hervor, dessen Einwohner viele Jahre hindurch so sehr von den großen Deichlasten bedrückt wurden, daß das Sprichwort entstand:

Hatten de Hattstedter nich de böse Diek,
Se lehmen nümmer int Himmelriek.

Zur Linken aber blicken wir erst auf den grünbewachsenen Außendeich, dessen gerade Linie bis zu dem an die See vorgeschobenen Schobüller Geestrücken reicht. Hier verläuft er dann in diesem Vorsprung. Ueber dem hohen Schutzwall aber erscheint eine graue einförmige, kaum bewegte Fläche, auf der die verschiedensten Lichter spielen, das Wattenmeer. Fern am Horizont hebt sich, wie über dem Wasser schwebend, ein Streifen Landes heraus: klar sind darauf eine Windmühle und die Dächer einiger Häuser zu erkennen. Es ist die Insel Nordstrand. Je mehr wir ansteigen, um so größer wird auch der Raum, den unser

Gesichtskreis umspannt, und wenn wir etwa an der kleinen Schobüller Ziegelei ange-langt sind, so dünkt uns derselbe grenzenlos. Dunklere Punkte, kleine Eilande im Westen und Nordwesten gewähren dem Auge einige Ruhepunkte. Je nach der Beleuchtung tritt ihr Umriß bald nur ganz licht, wie Luft-spiegelung hervor, bald aber so scharf und klar gezeichnet, daß wir die Häuser auf ihren Werften ganz deutlich zu erkennen ver-mögen. Das sind die Halligen. An regen-trüben Sommertagen jedoch, wenn Flut und Land am Horizont miteinander verschwim-men und die See regungslos daliegt,

> Dann steht an unserm grauen Strande
> Das Wunder aus dem Morgenlande,
> Morgane, die berücke Fee . . .
> Doch hebt sich nicht,
>   wie dort im Süden
> Auf rosigen Karyatiden
> Ein Wundermärchen-
>   schloß ins Blau;
> Nur eines Hauberg
>   graues Bildnis
> Schwimmt einsam in
>   der Nebelwildnis,
> Und keinen lockt der
>   Hexenbau.

Der Eindruck, den solche Anblicke bei ih-ren Beschauern hinter-lassen, ist ein unbe-schreiblich großartiger, zumal wenn man das Glück hat, dieses einzig in seiner Art daste-hende Landschaftsbild bei wechselnden Far-ben genießen zu kön-nen. Für denjenigen aber, der sich auch für geologische Dinge interessiert, bietet dieser Geestvorsprung noch eine ganz besondere Überraschung. Die schon weiter oben er-wähnte kleine Ziegelei ist nämlich auf an-stehendem Gestein er-baut, das sich an der Oberfläche als eine rötliche, zuweilen von helleren Adern durch-zogene thonige Masse

darstellt, nach der Tiefe zu jedoch steinhart wird und zweifelsohne ein Analogon des tho-nigen Gesteines ist, von welchem die Basis der roten Felsen Helgolands zusammengesetzt wird. Aber nicht nur dieser am Strande des Wattenmeeres anstehende Zechsteinletten ist von großer Merkwürdigkeit, sondern auch das Vorkommen der gequetschten und wieder verkitteten Kalksteingeschiebe, die sich an der oberen Grenze des roten Thones mit dem darüber liegenden diluvialen Moränenmergel finden und besondere Curiosa im Gebiete der norddeutschen Diluvialablagerungen sind.

. Von Wobbenbüll bis Hattstedt, wo der Deich nordwärts zu wieder seinen Anfang nimmt, bis hinauf nach Hoyer tritt die Geest nicht wieder an die Meeresküste heran.

Abb. 61. Michaeliskirche in Hamburg.
(Nach einer Photographie im Verlag von Conrad Döring in Hamburg.)

Haas, Nordseeküste.

5

„In alter Zeit war hier ein sich stets veränderndes und für uns unentwirrbares Labyrinth von Halligen, Meeresarmen und Geestinseln. Hier finden sich auch die tief ins Land hineingehenden Auen, welche das Wasser der Geest in die unbedeichten und später auch in die bedeichten Niederungen gesandt haben, denn erst hart am Rande der Ostseebuchten liegt die Wasserscheide." Eindeichungen, die sich an die Geest anschlossen, oder auch solche, welche von den Inseln selbst ausgegangen sind, schufen die jetzige Küstenlinie. Eine, wenn auch nicht sehr starke Bevölkerung bewohnte schon vor dieser Landfestigung die Niederungen auf künstlich aufgeworfenen Wurthen. Die Nutzung der sich neu bildenden Landflächen fand aber von der Geest aus statt, deren Rand hier stark besiedelt ist. Hier befinden sich das stattliche Bredstedt mit dem nahebei belegenen Missionsort Breklum, Bordelum, Bargum, Stedesand, Leck und noch andere Flecken und Dörfer mehr. In der Marsch selbst treffen wir zuweilen auf einsam liegende Geestinseln, auf denen sich dann ebenfalls stattliche Ansiedelungen erheben. Lindholm, Riesum, Niebüll-Deezbüll mögen hier als Beispiele dafür angeführt werden. Die Marschen und deren erste Eindeichungen sind zweifelsohne schon sehr alt. Bereits im zwölften Jahrhundert beschreibt Saxo Grammaticus die Friesische Marsch als einen von niedrigen Wällen umgebenen gesegneten Boden, eine Bezeichnung, die sie heute noch in vollem Maße verdient. Steht doch der alte Christian-Albrechts-Koog bei Tondern im Rufe, das fruchtbarste Land im gesamten Marschgebiete zu sein! Bei der Eindeichung der rückliegenden Ländereien ist aber in früheren Zeiten bisweilen etwas zu rasch verfahren und unreifes Marschland mitgenommen worden. Der Gotteskoogsee ist ein warnendes Beispiel hierfür.

Der vorspringende Teil unserer Küstenlinie, welcher etwas südlich von Emmelsbüll beginnt und sich über Horsbüll und

Abb. 62. Großer Burstah in Hamburg.
(Nach einer Photographie im Verlag von Conrad Döring in Hamburg.)

Abb. 63. Hopfenmarkt und Nikolaikirche in Hamburg.
(Nach einer Photographie im Verlag von Conrad Döring in Hamburg.)

Klanxbüll bis etwas nördlich von Rodenäs hinzieht und heute noch den Namen der Horsbüll- oder Wiedingharde führt, war jahrhundertelang eine erst uneingedeichte, später aber nur ungenügend eingedeichte feste Marschinsel, die von der Geest zwischen Hoyer, Tondern u. s. f. durch niedrige Ländereien, große Wasserflächen und Meeresarme getrennt gewesen ist. Ihre Bewohner konnten die westlichen Grenzen des Eilands aber nicht gegen den Ansturm des Meeres behaupten, und die Deiche mußten mehrfach zurückverlegt werden, während viel Land verloren ging. So versanken die Kirchen von Wippenbüll und Alt-Feddersbüll; ebenso wurde am 1. Dezember 1615 die Nickelsbüller Kirche im Norden der Harde, welche damals schon mit ihrem Kirchdorf im Haffdeich lag, in den Meeresfluten begraben. Die Särge

5 *

sind dabei aus den Gräbern getrieben worden. Es hat in das siebzehnte Jahrhundert hinein gedauert, bis die Horsbüllharde mit dem schleswigschen Festlande verbunden war, nachdem mehrere Versuche immer und immer wieder gescheitert waren.

Als weiteres Beispiel für die Verhältnisse dieser verwickelten Marschlandschaft mag hier noch die merkwürdige, inselartig aus den Marschalluvionen herausragende sandige, im Kerne moorige Fläche des Risummoor, auch Kornkoog genannt, erwähnt werden, an deren Rändern Deezbüll und Lindholm belegen sind. Noch im Jahre 1624 war

scheint, am Horizont, sonst nichts als weites Grasland, darauf unzählige Rinderherden weiden. Bisweilen scheucht die keuchende Lokomotive auch ein paar Pferde auf, die sich hier gütlich thun dürfen: beängstigt von dem so ungewohnten Lärm in der sonst so stillen Landschaft galoppieren sie in wilder Hast davon. Phlegmatisch aber steht Freund Adebar dabei und beschaut sich in philosophischer Ruhe den dahinbrausenden Eisenbahnzug. Ihn stört das alles nicht; verächtlich blickt er auf die erschrocken dahinspringenden Vierfüßer herab, die noch nicht über die Grenzen ihrer Ge-

Abb. 64. Lombardsbrücke in Hamburg.

dies abgesonderte Ländchen so sehr Insel, daß eine schwedische Flottille an ihr landen konnte. Tempora mutantur! Heute ist Lindholm Station der Marschbahnstrecke Husum-Tondern.

Es ist wirklich eine angenehme Sache, an einem schönen Sommertage auf dieser Eisenbahnlinie, welche das nordwestliche Schleswig so recht dem Verkehr erschlossen hat, dem Rücken der Geest entlang zu fahren. Da liegen gegen Westen die grünen Marschen vor uns ausgebreitet, flach und eben wie ein Teller und durchzogen von unzähligen Gräben und Sielen. Da und dort ein einsames Gehöft oder ein kleines Stück Deich, der wie ein Festungswall er-

markung gekommen sind, während er, der Weltreisende, der Globetrotter unter der Tierwelt unserer Zonen, doch schon so viel gesehen hat, und ebenso zu Hause ist in südlichen Geländen, wo der Nil träge dahinflutet und die Pyramiden gen Himmel ragen, als hier, in seiner Sommerheimat an den Gestaden des deutschen Meeres. Und ihre Sommerheimat ist es wirklich, dieses Marschland, das mit seinem Reichtum an Fröschen und anderem kleinen Getier den Störchen geradezu die allergünstigsten Lebensbedingungen bietet. Im weiten Umkreis ist fast kein Giebel zu schauen, der nicht wenigstens ein Storchennest trüge, und Meister Langbein gehört

mindestens so gut zum vollen Landschaftsbild, wie sonst etwas darin; ja, er ist geradezu ein eigentümliches Merkmal desselben.

Dem Charakter des Landes und seiner
Bevölkerung entsprechend, dem sie als Ver-
in erster Linie den lokalen Verhältnissen
Rechnung tragen. Anders aber ist's in
den schönen Sommertagen, wenn in den
Monaten Juli, August und September die
Badezüge durch das weite grüne Feld

Abb. 65. Rathaus in Hamburg.
(Nach einer Photographie von Conrad Döring in Hamburg.)

tehrsmittel dient, geht es in gewöhnlichen
Zeiten auf der Marschbahn nicht allzu lebhaft zu. Es wird eben alles, wenn auch
pünktlich und genau, so doch mit einer
gewissen Ruhe und Behäbigkeit besorgt.
Eigentliche Schnellzüge befahren die Strecke
im Winter nicht, denn die Bahn soll ja
dahinsausen und die erholungsbedürftige
Menschheit aus der heißen Stickluft der
großen Städte des Binnenlandes hinaus-
führen zu dem stärkenden Odem der Nordsee. Dann ist die Physiognomie der Bahn
eine gänzlich veränderte. Dann zieht das
schnaubende Dampfroß nur vollbesetzte

Wagen hinter sich her durch die saftigen
Auen der Marsch, und erstaunt ob des ungewohnten Anblicks schaut der kleine Hirten-
junge da unten am Bahndamm dem mit
Windesbraus an ihm vorbeirollenden und
seinem Gesichtskreise alsbald wieder ent-
schwindenden funkensprühenden Ungetüm
nach, vielleicht zuweilen nicht ohne die leise
Sehnsucht, es doch auch einmal so zu können
und zurückgelehnt in die schwellenden Polster
durch die Lande fliegen zu dürfen.

Und vollends gar, wenn die Zeit der
Schulferien beginnt! In Niebüll reißt die
Schaffner die Wagenthüren auf. „Niebüll,"
schreit er, „Wagenwechsel für die Reisenden
nach Tagebüll und Wyk auf Föhr!" Da
stürzt es heraus aus den vollgepfropften
Abteilen, ein erster Schwarm von Großen
und Kleinen verläßt den Zug und stürmt
die auf einem Nebengeleise schon bereit-
stehenden Vehikel der kleinen Bahnlinie
nach Tagebüll. Von da geht's auf das
Schiff, das in einer kurzen Stunde das

Wattenmeer durchquert und seine Passagiere
wohlbehalten und von der bösen Seekrankheit unbehelligt im sicheren Hafen von Wyk
landet.

Von Niebüll nach Tondern ist es nur
eine kurze Strecke. Hier verlassen auch wir
den Zug, der nach kurzem Aufenthalt weiter-
rast nach Hoyer und zur Hoyerschleuse. Dort
entleert er seine Wagen, deren Insassen die
Insel Sylt zum Reiseziel genommen haben und
von hier aus zuweilen noch tüchtig von den
Wellen geschaukelt werden, bevor der Dampfer
sie bei Munkmarsch wieder auf festen Boden
gesetzt hat. Der Geburtsort Johann Georg
Forchhammers und die Heimat des Propsten
Balthasar Petersen ist es aber wohl wert,
daß wir ihr einige wenige Stunden der
Betrachtung schenken.

Tondern ist eine kleine freundliche und
saubere Stadt von etwa 3800 Seelen, an
der wasserreichen Widau auf einer äußerst
geringfügigen Bodenerhebung gelegen. Dieser
ungünstige Bauplatz ist vermutlich darum

Abb. 66. Partie aus dem Hamburger Ratskeller.
(Nach einer Photographie im Verlag von Conrad Töring in Hamburg.)

gewählt worden, um
von der Schiffahrt
Nutzen ziehen zu
können, denn die
Nähe der Stadt zur
See war ehedem
eine viel größere,
als in der Gegen-
wart, und Ton-
dern besaß zahl-
reiche Meeresfahr-
zeuge. Bis zum
Jahre 1554 konn-
ten selbst größere
Schiffe noch unge-
hindert an Tondern
heraufkommen, als
aber von 1553 bis
1555 die sich von
Hoyer bis Hump-
trup erstreckenden
und vor der Ton-
derner Geest gelege-
nen Niederungen
eingedeicht wurden,
versperrte die von
holländischen Bau-
meistern erbaute
neue Schleuse bedeu-
tenderen Schiffen
den Weg. Später

Abb. 67. Rathausbrunnen in Hamburg.
(Nach einer Photographie von Joh. Thiele in Hamburg.)

konnten selbst kleinere Fahrzeuge nicht mehr
bis zur Stadt gelangen, als nach und nach
neue Anschlickungen stattfanden und immer
mehr Deiche entstanden. Seiner tiefen Lage
wegen hat Tondern mehrfach unter den
Sturmfluten zu leiden gehabt. Im Jahre
1532 stand das Wasser drei Ellen hoch in
der Stadt, 1593 brach es abermals in
die Häuser herein und that großen Schaden,
nicht minder anno 1615. Am stärksten
aber ist Tondern von der großen und denkwürdigen Oktoberflut 1634 heimgesucht
worden. Auch die Pest war in verflossenen
Tagen ein mehrfacher unheimlicher Gast in
der Stadt. So besonders im sechzehnten
und zu Beginn des siebzehnten Jahrhunderts.
Vielleicht, so meint Hahn, hängen diese
zahlreichen Pestepidemien mit der niedrigen
Lage der Stadt zusammen.

In Tondern befindet sich eines der Lehrer-
seminare der Provinz Schleswig-Holstein.
Der schon erwähnte Propst Balthasar Petersen hat es gegen Ende des verflossenen

Säculums gegründet. Dann hat, wie ebenfalls schon kurz angedeutet wurde, die Wiege
eines großen Naturforschers des Landes,
des im Jahre 1865 zu Kopenhagen verstorbenen Geologen Forchhammers hier gestanden. Er hat zu den bedeutendsten Männern seiner Zeit gehört und hat bis zum
heutigen Tage in seinem engeren Heimat-
lande leider immer noch nicht die Anerkennung gefunden, die er eigentlich verdiente.

Weder in landschaftlicher noch in künst-
lerischer Hinsicht besitzt Tondern viel Be-
merkenswertes, es sei denn eine sehr schöne,
alte Kirche, deren innere im Stil der Renaissance gehaltene Ausstattung alle anderen
des Landes in ihrem jetzigen Zustand an
Pracht übertrifft, sodann einige gotische
Giebelhäuser, die zierlichen, in Haustein-
arbeit ausgeführten Barock- und Rokoko-
portale, welche sich an verschiedenen Wohn-
häusern finden, nicht zu vergessen. Es sind
dies wahre Juwele in ihrer Art.

In früheren Zeiten blühten in Tondern

neben dem Handel besonders die Weberei und das Spitzenklöppeln. Das letztere Gewerbe soll schon gegen 1639 von Dortmund aus eingeführt worden sein und gelangte sowohl für die Stadt selbst, als auch für ihre Umgebung zu hoher Bedeutung. Im Jahre 1780 waren an 1200 Frauen damit beschäftigt, und zu Anbeginn dieses Jahrhunderts sind noch 13 Spitzenfabriken vorhanden gewesen. Seit 1825 ist die Spitzenklöppelei sehr zurückgegangen, wird aber bis in die Gegenwart noch, wenn auch in kleinerem Umfange betrieben. Die Tonderner Spitzen sind bei der Frauenwelt des deutschen Nordens auch jetzt noch ein sehr geschätzter Gegenstand.

Westlich von Tondern, an Mögeltondern und dem schon sehr alten, früheren bischöf-lichen Schlosse Schackenburg vorbei, führt uns die Bahn nach dem auf einem rings von Marschlanden umgebenen Geesthügel in der Nähe des Meeres erbauten Hoyer und von da in wenigen Minuten zur Hoyerschleuse, dem bereits genannten Hafenort für die Schiffahrt nach der Insel Sylt. Zieht man von hier aus am Strande nordwärts, so gelangt man über Emmerlef mit seinem hell ins Wattenmeer hinausschimmernden Kliff, einem kleinen Steilufer, über Jerpstedt nach Ballum, dem Ausgangspunkt für die Insel Röm. Über die Brede-Au hinüber führt der Weg nach Bröns, woselbst man die von Tondern über Bredebro, Döstrup und Scherrebek nach dem Norden führende Westbahn wieder erreicht. Dann folgen noch Reisby, das keine selbständige Bahnstation hat, und hierauf Hvidding. Hier ist dann die Nordgrenze des Reiches erreicht und wir betreten dänisches Gebiet. Der ganze Meeresstrand von Jerpstedt ab bis hinauf nach Jütland ist so flach, daß bei Hochfluten die Bahnlinie sogar schon überschwemmt und das Wasser bis nach Döstrup und Scherrebek hineingetrieben worden ist. Von diesen ebengenannten Ortschaften nimmt eigentlich nur das letztgenannte Kirchdorf unser besonderes Interesse in Anspruch, und zwar wegen der mannigfachen und segensreichen Bestrebungen seines geistlichen Hirten, des Herrn Pastor Jacobsen. Dieselben beruhen auf echt nationaler Basis und sind industrieller und socialer Natur, darunter ein Bankinstitut, eine

Abb. 68. Kriegerdenkmal in Hamburg.

Webeschule, mit ganz hervorragenden Leistungen, einen Arbeiterbauverein und andere
die Volkswohlfahrt in hohem Maße be-
fördernde Einrichtungen mehr.

Im Mittelalter soll fast ganz Nordschleswig vom Walde bedeckt gewesen sein,
und von den Marschwiesen bei Farup nördlich
von der jetzt dänischen Stadt Ripen erstreckte
sich der Sage nach der Farriswald, über
die ganze Halbinsel bis zum Kleinen Belt,
acht Meilen lang und anderthalb Meilen breit.
Im Osten sind diese Wälder noch vorhanden
und ziehen sich bis Gramm, Rödding und
Lintrup gegen Westen. Von hier ab fehlen
aber mit nur wenigen und kümmerlichen
Ausnahmen die Holzungen, weil man fort-

an Wasserläufen und Bächen, wo Binsen
und Seerosen wachsen, wo dichtes mit
Wachtelweizen untermengtes Gras grünt
und das Vergißmeinnicht und die goldgelbe
Butterblume wachsen, da hat es dennoch
auch seine Reize.

Schon im bewaldeten Teil des Mittel-
rückens Nordschleswigs, in lieblicher, holz-
reicher Umgebung befindet sich der Flecken
Lügumkloster, von dem hier noch einige
wenige Worte gesagt seien, bevor wir von
dieser Gegend Abschied nehmen wollen.
Seinen Namen hat der Ort von einem ehemaligen der heiligen Jungfrau gewidmeten
Kloster, das nun 1173 Cistercienfermönche gegründet haben. In verflossenen Jahrhunderten

Abb. 69. Der Jungfernstieg in Hamburg.

während Holz geschlagen, aber keine jungen
Bäume zum Nachwuchs gepflanzt hat. Auch
durch Heidebrand entstandene Waldbrände
mögen Schuld daran tragen. Stellenweise
legten die Bauern sogar selbst Feuer an, wie
beispielsweise bei Scherrebek, um eine Räuber-
bande auszurotten, die sich im Holz ver-
borgen hielt. Die Eiche war der wichtigste
Baum: auf sumpfigem Boden jedoch hatten
sich besonders die Erle und die Birke an-
gesiedelt. In den Waldungen wimmelte
es von allerhand Wild: Hirsche, Rehe und
Wildschweine lebten dort in großer Zahl. Auch
an Wölfen soll kein Mangel gewesen sein.

Das Land im Westen ist heutzutage
nackt und kahl, bei so magerem Boden,
daß selbst das Heidekraut nur niedrig bleibt
und das Getreide erbärmlich steht. Aber

erfreute es sich keines geringen Ruhmes in
den cimbrischen Landen, und bei mancherlei
Anlässen ist das Wort seiner 23 Äbte gar
gewichtig in die Wagschale gefallen. Vier
Bischöfe von Ripen, deren Hirtenstab Lügumkloster vor Zeiten untergestellt gewesen ist,
liegen in der spätromanischen und im Über-
gangsstil aufgeführten schönen Klosterkirche
begraben. Nach der Marienkirche in Haders-
leben wird sie für das schönste Bauwerk
Nordschleswigs gehalten. Der anmutige
und freundliche Flecken ist durch eine von
Brederbro abgehende Zweiglinie mit der
Westbahn verbunden. Die vormals auch
hier, wie in und bei Tondern eifrig betriebene Spitzenklöppelei, die früher vielen
Wohlstand in die Gegend brachte, hat nunmehr fast ganz aufgehört.

VIII.

Die nordfriesischen Inseln.

Röm, die nördlichste der nordfriesischen Inseln, ist ungefähr zwei deutsche Meilen lang und fünf Kilometer breit, von halbmondförmiger Gestalt, und durch das Lister Tief von Sylt getrennt. Letzteres ist eine der wenigen tiefen Wasserstraßen an der sonst so flachen deutschen Nordseeküste, und die einzige für große Schiffe zugängliche Einfahrt an diesem ganzen Areal. Die ungemein reißende Strömung verhindert auch im strengsten Winter das Zufrieren des Lister Tiefs, das sich als Römer Tief um die Südseite der Insel herum bis an deren Ostküste fortsetzt.

Der größte Teil Röms ist von Dünen bedeckt, die am Westrande auch Ketten bilden, im Inneren der Insel aber meist als Einzeldünen auftreten und an vielen Stellen dicht bewachsen sind. „Am Ostrande der Dünen, aber teilweise tief in dieselben hineingedrängt liegen die dadurch vollkommen unregelmäßig verstreuten Häuser der Insulaner, welche durch aufgeschüttete, mit Tang und Marschschlick gedeckte, durch Dünenpflanzen gefestete, hohe Wälle sich und ihre kleinen Gärten schirmend, vor dem Flugsande sich gewehrt und

Abb. 70. Hamburger Volkstrachten.

teilweise seiner Verbreitung andere, als die natürlichen Formen gegeben haben" (Meyn). Dazwischen finden sich mit üppigen Früchten, so besonders mit Gerste bestandene Ackerfelder.

Kirkeby im Süden belegen, ist das Kirchdorf der Insel, welche sonst noch eine Anzahl von kleineren und größeren Gehöften als Juvre, Toftum, Bolilmark u. s. f. im Nordosten, Kongsmark im Osten u. s. f. trägt. Die Bewohner sind friesischer Abstammung, und deren männlichem Teil wird große Erfahrung und Tüchtigkeit im Seemannsberufe nachgerühmt. Ihre ursprüngliche friesische Sprache, die sich heutzutage nur noch in einzelnen Ausdrücken und Worten verrät, hat dem landesüblichen Idiom des Plattdänischen weichen müssen.

Mit dem Festlande steht Röm durch Schiffahrt über Ballum oder über Scherrebek in Verbindung. Die letztere ist neueren Datums. Nach einer Fahrt von etwa fünfzig Minuten landet man bei Kongsmark, und von hier führt eine Dampfspurbahn die Passagiere in wenig Minuten nach dem Westrande der Insel, in das Nordseebad Lakolk. Den Namen hat dieses jüngste der deutschen Nordseebäder von dem jetzt in den Fluten versunkenen Dorfe gleicher Benennung erhalten, das vor Zeiten westwärts vom jetzigen Westrande des Eilands lag, und dessen Überreste bei besonders tiefer Ebbe zuweilen noch sichtbar sein sollen (Abb. 13—15).

Sylt, die nächstfolgende Insel, zwischen 55° 3' und 54° 44' nördlicher Breite belegen, erstreckt sich in nordsüdlicher Richtung 35 Kilometer weit, bei einer wechselnden Breitenausdehnung von 1—4 Kilometer. Sylts Flächeninhalt beträgt 102 Quadratkilometer, 50 davon sind von Dünen bedeckt, die im Norden, bei List, über 80 Meter Höhe erreichen und sowohl am nördlichen, als auch am südlichen Teile der Insel ein Hochgebirge im kleinen darstellen, das die verschiedenartigsten Bildungen von Längs- und Querthälern aufweist und auch kleine Binnengewässer enthält. Hinter den Dünen kommt das Heideland und auf dem weit nach Osten zurück-

Abb. 71. Denkmal für Matthias Claudius bei Wandsbek.

gestreckten mittleren Teile der Insel das fruchtbare Marschland mit den Dörfern Keitum, Archsum und Morsum. Nahe bei der äußersten Spitze dieses Vorsprungs gegen Norden liegt das Morsumkliff, an dessen Steilabhang die Schichten der oberen Miocängebirges in der Gestalt von Limonit= sandsteinen, Glimmerthon und Kaolinsand zu Tage treten. Das Kliff selbst steigt im Munkehoi (Mönchshügel) bis zur Höhe von 23 Meter über den Spiegel der Nordsee auf. Auch noch an anderen Stellen der Insel, so in der Nähe des Roten Kliffs bei Wenningstedt, können diese tertiären Bil= dungen anstehend beobachtet werden.

Der mittlere Teil des Eilands trägt an der Westseite die beiden Ortschaften Wester= land und Wenningstedt. In diesen beiden konzentriert sich auch das eigentliche Bade= leben. Westerland, das 1900 das 43. Jahr seines Bestehens als Nordseebad feiert und bisher von weit über 100 000 Badegästen besucht worden ist, trägt im Höhepunkt der Saison durchaus den Charakter eines Bade= ortes ersten Ranges. Große Gast= höfe, breite und saubere Straßen, flankiert von schön gebauten Ziegel= häusern, in jeder Beziehung gut ausgestattete Kaufläden und ein im= posantes, in den Jahren 1896—1897 er= bautes Kurhaus lassen uns ganz und gar vergessen, daß wir uns auf einer einsamen

Insel im Wattenmeer befinden. Am merk= würdigsten ist das Leben am Strand, das auf den ersten Anblick völlig einem bunten Jahrmarkt= treiben gleicht. Am Abhang der Düne und teilweise über diese selbst hin zieht sich die lange höl= zerne Wandelbahn und längs derselben haben die haupt= sächlichsten Gasthöfe Westerlands zur Bequemlichkeit ihrer Kurgäste besondere Strandhallen erbaut. Dort erhebt sich auch der kleine Musiktempel für die Kurkapelle, deren Töne sich freilich gegenüber der brausenden, wenn auch etwas monotonen Symphonie, welche die Wellen der Nordsee hier aufspielen, zuweilen recht ärmlich aus=

Abb. 72. Vierländerin. Studie von Friedrich Kallmorgen.

nehmen. Am Strand
aber reiht sich Zelt
an Zelt und Burg
an Burg. So nennt
man die aus dem fei-
nen weißen Ufersande
von den Badegästen
aufgeführten Bauten,
in ihrer primitivsten
Einrichtung einfach
Umwallungen, die
eine Vertiefung im
Sande umschließen,
in welche Stühle,
Bänke, Tische oder auch
Zelte gestellt werden, und
deren jede einen kleineren

Abb. 73. Bauernhäuser von Neuengamme.

oder größeren Flaggenmast oder auch nur
eine einfache Stange besitzt, von welchen
herab die Fahne des Landes weht, dessen
Angehöriger der Burgbesitzer ist. Ein ungemein farbenreiches, vom Lärmen und ge-
schäftigen Treiben von Tausenden von
Menschen, Großen wie Kleinen belebtes
Bild ist's, das so entsteht, und zu dem
die Wogen ihr sich ewig gleichbleibendes
Lied bald im gemächlichen Andante, bald
im Allegro furioso singen.

Wie an vielen anderen Stellen auf
unserer Erde, so berühren sich auch hier

die Gegensätze. Gleich hinter dem Badestrande mit seinem frisch pulsierenden Leben
steht ein dunkles Mauerviereck. „Heimatstätte für Heimatlose" besagen die Worte
an der Eingangspforte. Der stille und
friedliche Raum birgt eine große Anzahl
von Gräbern; jedes derselben trägt ein einfaches Kreuz, dessen Inschrift Auskunft gibt
über den Tag, da der hier Bestattete in
die kühle Erde gebettet worden ist, und
über die Stelle, wo er gefunden wurde.
Nur eine einzige Grabstätte nennt auch
noch den Namen des Toten, der unter

dem Hügel schläft, von allen den übrigen armen Schiffbrüchigen aber, welche das Meer an den Sylter Strand geworfen hat, kennt man weder „Nam' noch Art". Vor 45 Jahren, am 3. Oktober 1855 hat man hier den ersten Heimatlosen in die kühle Erde gesenkt, und seither sind über 40 Strandleichen an dieser Stelle geborgen worden. Wenn das so recht wehmutsvoll stimmende Fleckchen Land heute in so gutem Stande gehalten und im vollen Sinne des Wortes eine Heimatstätte für Heimatlose geworden ist, so gebührt das Verdienst hierfür in allererster Linie einer deutschen Fürstin auf einem fremden Throne, der rumänischen Königin Elisabeth. Im Sommer 1888 weilte sie auf Sylt, hat den kleinen Friedhof oft besucht, seine Gräber mit Blumen geschmückt und für denselben einen großen Granitblock gestiftet, in welchen die folgenden, vom verstorbenen Hofprediger Kögel gedichteten schönen Verse eingemeißelt stehen:

Wir sind ein Volk, vom Strom der Zeit
Gespült zum Erdeneiland,
Voll Unfall und voll Herzeleid,
Bis heim uns holt der Heiland.
Das Vaterhaus ist immer nah,
Wie wechselnd auch die Lose —
Es ist das Kreuz von Golgatha
„Heimat für Heimatlose".

Ein schärferer Kontrast, als derjenige zwischen Westerland und dem etwa 4,5 Kilometer nördlich davon belegenen Wenningstedt ist kaum denkbar. Hier alles noch im ursprünglichen Zustande, keine großen Gasthöfe, keine Kurhäuser, keine Kurtaxe, nur etliche strohbedeckte Friesenhäuser, dort der gesamte Komfort des modernen Modebades, hier

Abb. 74. Vierländer.

idyllische Ruhe, dort geräuschvolles Badeleben. Wenningstedt liegt am Ostabhange einer alten auf hohem Steilufer aufsitzenden Dünenkette, mitten in der Sylter Heide und etwa fünf bis zehn Minuten vom Strande selbst entfernt, zu dem eine breite und bequeme Holztreppe hinabführt. In landschaftlicher Beziehung bietet der Ort selbst nicht viel, um so schöner und herrlicher ist aber seine Umgebung. Ein kurzer Spaziergang bringt uns an diejenige Stelle, wo sich die Natur Sylts am großartigsten entfaltet, an den Steilabsturz des Roten Kliffs mit einer der wundervollsten Fernsichten, die man überhaupt an der deutschen Nordseeküste haben kann. Eine der darauf befindlichen Einzeldünen, der Uwenberg, erreicht die Höhe von 46 Meter über dem Meeresspiegel. Auf lustiger Höhe des Kliffs steht ein im großen Stil erbauter Gasthof, das Kurhaus von Kampen. Dessen Erbauung soll, wie man sich erzählt, den Westerländern

Abb. 75. Einfahrt der Heuernte auf den Hof eines Bauerngutes in Keitum.

Abb. 76. Wohnstube mit geöffnetem Wandbett
in einem Bauernhaus in Neuengamme.

wegen der für ihren Badeort zu fürch-
tenden Konkurrenz ein arger Dorn im
Auge gewesen sein. Mehr landeinwärts
liegt das Dorf Kampen selbst mit einer
Rettungsstation für Schiffbrüchige und
seinem weit auf das Meer hinaus und über
die Insel dahinschauenden 35 Meter hohen
Leuchtturm, dessen Fuß selbst schon 27 Meter
über dem Meeresspiegel liegt. Nahebei sieht
man auf etliche Hünengräber, wie denn die
Insel Sylt im wahrsten Sinne des Wortes
mit solchen Grabhügeln aus grauer Vorzeit
überdeckt ist. Der schönste davon ist der
Denghoog ganz dicht bei Wenningstedt, der
„Gerichtshügel“, wie sein friesischer Name
besagt. Der Denghoog ist ein sogenannter
Gangbau und stellt in seiner heutigen Gestalt einen etwa 4½ Meter hohen Hügel dar,
dessen Erdmauern ein aus mächtigen, teilweise ganz herrliche Gletscherschrammen
tragenden und glatt polierten Findlingen
aufgemauertes Gewölbe, die Steinkammer,
decken. Letztere war von Westen her durch

einen gepflasterten Gang zu betreten. Die
mannigfachen Gegenstände, welche in diesem
Grab aus der jüngeren Steinzeit gefunden
wurden, so Knochenreste, Thonwaren,
Steingeräte, Bernsteinperlen, Holzkohlen
u. s. f. befinden sich im Museum vater-
ländischer Altertümer zu Kiel.

Vor Wenningstedt, draußen im Meer,
liegt das alte Wendingstadt mit dem berühmten Friesenhafen, das am 16. Januar
1300 (nach anderen Ansichten vielleicht erst
1362) von den Fluten verschlungen worden
ist. Noch im Jahre 1640 waren die
Überreste der alten Stadt etwa eine halbe
Meile weit von der Küste bei tiefer Ebbe
sichtbar. Heute erinnert nur noch der kleine
Ort Wenningstedt an diese vergangenen
Zeiten, über den Ruinen Wendingstadts
aber rollen die Wogen der See.

Am Strande entlang wandern wir nordwärts, unter den Abhängen des Roten Kliffs
vorbei, das seinen Namen eigentlich nicht
ganz mit Recht trägt, denn die Farbe seines

zumeist aus diluvialen Gebilden bestehenden Steilabsturzes ist eher gelblich, als rot. Bald sind wir mitten in die großartige Dünenlandschaft gelangt, die hier beginnt und sich bis an die Nordspitze der Insel hinauf zieht. Die gewaltigen, beweglichen Sandberge bildet vorzugsweise der Nordwestwind und treibt dieselben nach Südosten zu, in der vorherrschenden Windrichtung weiter. Man hat berechnet, daß ihr jährliches Vordringen bis sechs Meter betragen kann. Schon im verflossenen Jahrhundert wurde der Versuch gemacht, den Sand der Dünen durch rationelles Bepflanzen mit gewissen Gewächsen, so mit dem Halm, dem Sandhafer und der Dünengerste festzulegen. Diese Pflanzen besitzen nämlich sehr lange und ausdauernde Wurzelstöcke, die sich weit hinein in den Sand bohren und denselben binden. Derartige Dünenkulturen lagen besonders den Franen ob. In neuerer Zeit wird diese Methode in großem Maßstabe angewendet, und seit 1867 ist diese Arbeit Sache des Staates selbst. Im verflossenen Jahrzehnt sind jährlich etwa 16000 Mark für die Bepflanzung der Sylter Dünen verausgabt worden.

Zum weiteren Schutze des Strandes führt man in der Gegenwart kostspielige Pfahl- und Steinbuhnen auf, so beispielsweise im

Zeitraum von 1872—1881 20 Stück, welche allein einen Aufwand von 596550 Mark verursacht und deren Unterhaltung von 1875—1881 beinahe 60000 Mark gekostet hat. Seither sind noch eine ganze Reihe weiterer solcher Bauten hinzugekommen, und unablässig ist die Regierung bemüht, ihr möglichstes für die Erhaltung des Strandes zu thun.

Achtzehn Kilometer nördlich von Westerland zeigen sich auf einer grünen Oase die Häuser der kleinen Ortschaft List, im Westen von gewaltigen Dünenzügen geschützt, im Norden und Osten von den Wellen des Wattenmeeres bespült, das hier als tiefe Bucht in die Nordspitze der Insel eingreift, und der Königshafen genannt wird. Derselbe muß einst eine immerhin beträchtlichere Tiefe gehabt haben, denn im Jahre 1644 lagen darin die verbündeten holländischen und dänischen Flotten, welche Christian IV. von Dänemark angriff und schlug. In der Gegenwart ist der Königshafen mehr und mehr verlandet. Am Ufer des Wattenmeeres selbst hat die deutsche Gesellschaft zur Rettung Schiffbrüchiger ein Bootshaus erbaut, und ganz dicht dabei liegt, vom Sande schon halb überdeckt, das Wrack eines größeren Fahrzeugs, das hier gestrandet ist.

Das äußerste Nordende der Insel wird von der sandigen Halbinsel Ellenbogen gebildet, welche zwei 18 und 20 Meter hohe Leuchtfeuer trägt, der Ost- und der Westleuchtturm, wichtige Orientierungspunkte für die in das Lister Tief einsegelnden Schiffe.

Den Rückweg von List nehmen wir längs des Wattenmeeres und haben nun die Gelegenheit, die zahlreichen Vögel aller Art, als Möven, verschiedenerlei Enten, Strandläufer, Eidergänse, Seeschwalben, Kiebitze u. s. f. zu beobachten, welche die weiten Dünenketten und die da-

Abb. 77. Diele in einem Bauernhaus in Kurslat.

Abb. 78. Schloß Friedrichsruh. Einfahrtsthor und Hauptansicht.

zwischen gelegenen Thäler bevölkern. Im Frühjahr wird hier zuweilen eifrig nach Möveneiern gesucht, und die bewaffnete Staatsgewalt der Insel hat mehr als genug zu thun, um die Nester dieser Vögel vor der Ausraubung beutegieriger Eiersucher zu schützen. In verflossenen Jahren, bevor das Eiersammeln verboten war, sollen jährlich an 50000 Stück davon in den Lister Dünen aufgelesen worden sein. An der Vogelkoje, welche sich auf unserem Wege befindet — sie soll die älteste auf den nordfriesischen Inseln und schon im Jahre 1767 hergestellt worden sein —, gehen wir nicht vorbei, ohne nicht auch einen Blick hineingeworfen zu haben. Es ist, wie auch alle übrigen Einrichtungen dieser Art, ein viereckiger Teich, von dichtem Gebüsch, das aus Weiden, Eschen, Pappeln und anderen Bäumen und Gesträuchen besteht, umgeben, und an jedem Ende mit einem immer enger werdenden und schließlich mit Netzen überspannten Kanal, einer Pfeife, versehen. Gezähmte Enten verschiedener Art locken die wilden an, die in die Pfeifen und von da in die Netze geraten und dort ergriffen werden. Bis 150 Vögel sind auf ein einziges Mal in einer solchen Vogelkoje gefangen worden, deren es auf Sylt, Amrum und Föhr zusammen elf gibt. Im Jahre 1887 wurden auf diesen drei Inseln zusammen etwa 56000 Stück Enten in den Vogelkojen gefangen.

Einen nicht minder

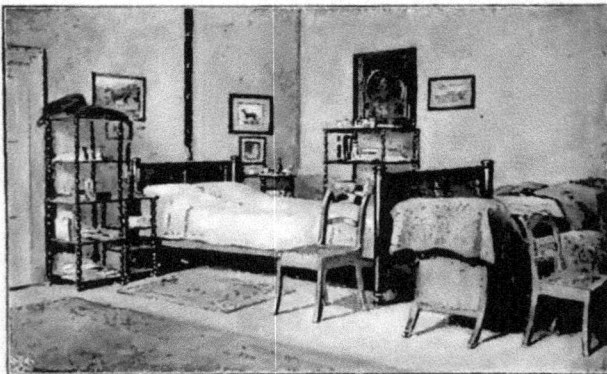

Abb. 79. Das Schlaf- und Sterbezimmer des Fürsten Bismarck.

Abb. 80. Schloß Friedrichsruh. Zimmer im Erdgeschoß.

guten Einblick in das Tierleben des Wattenmeeres gewährt uns ein zur Ebbezeit von
List nach Kampen oder umgekehrt unternommener Spaziergang. Da liegen leere
Gehäuse des Wellhorns, dort ein waben-
päckchenartiges Gebilde, die leeren Eischalen
dieser Schnecke (Buccinum undatum, L.). Hier
hat ein seltsames Tier, der Einsiedler-
krebs (Pagurus Bernhardus, L.), seinen nackten
Hinterleib zum Schutze in ein leeres Well-
horn gesteckt. In den von der Flut zurück-
gelassenen Wassertümpeln wimmelt es von
kleinen Nordseekrabben (Crangon, vulgaris, L.),
welche die Watten bevölkern und hier in
Menge gefangen wer-
den, dichte Haufen
von Muscheln aller
Art, so Cardium,
Pecten, und vor allem
die Mießmuschel (My-
tilus edulis) haben die
Wellen auf dem Lande
aufgetürmt und da-
zwischen lagern zahl-
lose Leichen von Qual-
len, welchen der Rück-
zug des Wassers das
Leben gekostet hat.
Hier und da trifft man
auch auf Fische, die

sich nicht rechtzeitig mit den Wellen auf und
davon gemacht haben, und häufig auf leere
Austernschalen, welche die Wogen von den
im Wattenmeere vorhandenen Austernbänken
losspülten. Die Befischung dieser letze-
ren hat in vergangenen Zeiten den Bewohnern des Wattenmeeres reichen Erwerb
gebracht. Seit 1587 hatte Friedrich II.

Abb. 81. Das Mausoleum des Fürsten Bismarck in Friedrichsruh.
(Nach einer Photographie von H. Breuer in Hamburg.)

Abb. 82. Rathaus in Altona.
(Nach einer Photographie von M. Kruse in Altona-Ottensen.)

den Pächtern des Fangrechtes zu erlegende Summe noch 2000 Thaler, im Jahre 1879 mußten Hamburger Herren 163000 Mark dafür zahlen.

Die Austernbänke, deren es in Sylt etwa elf gibt, liegen am Rande der tiefen Rinnen des Wattenmeeres, ihre Ergiebigkeit ist aber allmählich immer geringer und geringer geworden, indem man dieselben zweifelsohne zu stark ausgebeutet hat. So ist denn im

von Dänemark ihre Ausbeutung als ein Recht der Krone in Anspruch genommen und vom 1. September bis zum Mai wurde der Fang dieses Schaltieres betrieben. Im Jahre 1746 betrug die von letzten Jahrzehnt ihre Befischung ganz und gar eingestellt worden. Doch sorgen die Austernzuchtanstalten bei Husum einigermaßen für Ersatz dieses Leckerbissens, den schon anno 1565 der ehrsame Johannes

Abb. 83. Altona. Palmaille mit Blücherdenkmal
(Nach einer Photographie von M. Kruse in Altona-Ottensen.)

Petrejus, Pastor zu Odenbüll auf Nordstrand, „vor ein Fürsten Essen geachtet". Allerdings ist auch hier die Nachfrage größer, als die Produktion, und meist sind schon im Januar keine Husumer Austern mehr zu haben. Noch im Anfang des neunzehnten Jahrhunderts kosteten 1000 Stück Austern an der Westküste Schleswig-Holsteins eine Mark, in den letzten Fangjahren war der Preis schon auf 40—50 Mk. gestiegen und dürfte in Zukunft ein beträchtlich höherer werden, falls der Austernfang hier wieder aufblühen sollte. Im Dezember des verflossenen Jahres galten 100 Stück Husumer Austern an Ort und Stelle 18 Mk.

Auch Seehunde leben im Wattenmeere, und die Jagd auf diese klugen, den Fischgründen aber äußerst verderblichen Tiere wird von den Badegästen auf den nordfriesischen Inseln nicht selten als Sport geübt. Jährlich sollen am Sylter Strande etwa 100 Stück davon geschossen werden (vergl. Abb. 37).

Von Kampen aus schlagen wir den Weg über das Heidedorf Braderup nach Munkmarsch ein, der heutigen Landungsstelle für den Schiffsverkehr mit Sylt, nachdem der frühere Hafen der Insel bei Keitum im Laufe der Jahre so versandete und verschlickte, daß er seit 1868 nicht mehr benützt werden konnte. Mehrere Dampfer halten die Verbindung Sylts mit dem Festlande einigemal am Tage aufrecht, außerdem ist das Eiland aber auch noch von Hamburg aus auf dem direkten Seewege zu erreichen, und zwar dreimal wöchentlich über Helgoland, täglich aber für die aus dem Westen Deutschlands kommenden Reisenden über Bremerhaven-Helgoland-Wyk, jedoch derart, daß die Passagiere zur Fahrt auf dem Wattenmeere selbst auf kleinere Dampfer übersteigen müssen. Für denjenigen, welcher die Seekrankheit fürchten sollte, ist die Reise über Hoyerschleuse immer das geringere Übel, wenn auch dabei die Gefahr, Ägir opfern zu müssen, nie ganz ausgeschlossen ist. Von Munkmarsch führt eine vier Kilometer lange Kleinbahn nach Westerland.

Am Pandertliff vorbei lenken wir unsere Schritte nach dem freundlichen Keitum,

Abb. 81. Klopstocks Grab.
(Nach einer Photographie von M. Kruse in Altona-Ottensen.)

einem etwa 870 Einwohner zählenden hübschen Orte, mit freundlichen Häusern, netten Gärten und schönen Bäumen in denselben, ein sonst für Sylt mit seinen baumlosen Heiden und wenigen vom Winde im Baumwuchse gedrückten Hainen ziemlich seltener Anblick, den wir nur an den vor dem Westwinde geschützten Stellen der Ostseite des Eilandes genießen können. Keitum hat eine schöne, dem heiligen Severinus geweihte Kirche, deren hoher Turm den Schiffern des

Wattenmeeres als Merkzeichen gilt, und ist das Kirchdorf für Archsum, Tinnum, Kampen, Braderup, Wenningstedt und für Munkmarsch. Hier ist der berühmte schleswig-holsteinische Patriot Uwe Jens Lornsen geboren, dem sein Heimatsdorf ein hübsches Denkmal gesetzt hat, und hier befindet sich auch das Sylter Museum, eine Gründung des verstorbenen und um die Geschichte der nordfriesischen Inseln sehr verdienten Lehrers C. P. Hansen.

Wenige Kilometer von Keitum treffen wir das niedrig gelegene Dorf Archsum mit

sich eine Eisbootstation, die wir etwas näher kennen lernen wollen. Wenn nämlich bei eintretendem starken Froste das Wattenmeer sich mit Eis überzieht, nicht mit einer zusammenhängenden Decke, sondern mit unzähligen, von den Wellen und den Strömungen stetig übereinander geschobenen Eisschollen, die zuweilen zu eisbergähnlichen mächtigen Bildungen werden, so hört die gewöhnliche Postverbindung der nordfriesischen Inseln, vermittelst der Postfahrzeuge und Dampfer auf, und das Eisboot tritt an ihre Stelle (Abb. 7 u. 8).

Abb. 85. Neumühlen.

den Resten eines alten Burgwalles an, der Archsumburg, welche vom Volksmund dem Zwingherrn Limbek zugeschrieben wird. Das Dorf hatte unter der Sturmflut von 1825 viel zu leiden. Wenn wir von hier aus unsere Wanderung ostwärts ausdehnen, so betreten wir schon nach kurzer Zeit die hufeisenförmig angelegte Ortschaft Morsum mit ihrem bleigedeckten und turmlosen Gotteshause.

Über das uns schon bekannte Morsumkliff steigend, statten wir noch dem östlichsten Punkte Sylts, Näs Odde oder Nösse, einen kurzen Besuch ab. In Näs Odde befindet

So gelangt dann die Post, zuweilen mit recht unliebsamem Aufenthalt von 13—14 Stunden, an ihr Ziel! Wenn die Eisdecke die nötige Festigkeit erlangt hat, um Pferde und Gefährt zu tragen und ein zusammenhängendes Ganzes bildet, dann kommt wohl auch der von Rossen gezogene Schlitten zur Postbeförderung in Betracht. Im Winter 1899—1900 sind zwischen Ballum und Röm in jeder Richtung 26 schwierige Eisfahrten verrichtet worden, zwischen Rodenäs und Näs Odde 28 ebensolche, zwischen Husum und Nordstrand 18, u. s. f.

Neun Kilometer südwärts von Wester-

Abb. 86. Blankenese und Süllberg, vom Bismarckstein geſehen.
(Nach einer Photographie im Verlag von Conrad Döring in Hamburg.)

land grüßen uns die wenigen Häuſer von Rantum, dem ſüdlichſten Dorfe auf der Inſel, vor Zeiten anſehnlich und wohlhabend, aber durch die Fluten und die landeinwärts wandernden Dünen zu einem der ärmſten Dörfer herabgeſunken. Die im Jahre 1757 aufgeführte Kirche Rantums, deren Vorgängerin ſchon einmal wegen Gefahr der Verſchüttung durch die Sandberge abgebrochen werden mußte, war bereits 1802 zur Hälfte von den Dünen bedeckt und mußte ebenfalls wieder abgeriſſen werden. Am 18. Juli 1801 beſtieg der Prediger zum letztenmal die

Abb. 87 Blankenese, vom Süllberg geſehen.

Abb. 88. Hafeneinfahrt von Cuxhaven.

schon vom Sande umgebene Kanzel. Auch die alte Rantumburg, auf welcher in den ältesten Zeiten die Sylter ihre Landtage abhielten, ist jetzt vom Sande begraben. Bei anhaltendem Ostwinde sollen die Spuren vergangener Dörfer, Kirchen, Wohnstellen und Brunnen draußen im Wasser vor Rantum noch deutlich zu erkennen sein.

Eine nicht minder großartige Dünenlandschaft, als der Nordflügel der Insel aufweist, zeigt auch deren südliches Ende, das bei Hörnum in einer Art Hochstrand endigt.

Daß Sylt einen verhältnismäßig geringen, nur in geschützter Lage gedeihenden Baumwuchs hat — einige Gehölzaupflanzungen, die jedoch auch an Verkrüppelung durch den Westwind leiden, sind der Viktoriahain und der Lornsenhain im Centrum der Insel — das wurde schon angedeutet. Die Flora bietet aber sonst allerlei Interessantes und Schönes, und als be-

Abb. 89. „Alte Liebe" bei Cuxhaven.

sonderes Curiosum wird angeführt, daß alpine Formen von Enzian darunter sind.

In verflossenen Jahrhunderten hatten die Sylter, wie auch die Bewohner der anderen nordfriesischen Inseln ihre besondere Tracht, die in der Gegenwart ganz und gar abgekommen ist. „Die Weiber aber", so hat in der ersten Hälfte des achtzehnten Jahrhunderts Herr Erich Pontoppidan in seinem Theatrum Daniae gemeint, „distinguieren sich durch ihre lächerliche Kleidung am allermeisten. Ihre Haare tragen sie ganz lang herabhangend, und zieren einen jeden Zopff, mit verschiedenen Messingen Ringen Rechen-Pfennigen, und dergleichen Possen. Ihre Wämbse sind weit, und bestehen aus lauter Falten; und ihre Röcke sind gar nicht nach der Ehrbarkeit eingerichtet, indem sie kaum bis über die bloßen Knie hinunterreichen, gleich wie vormals an denen Spartanischen Weibern, denen sie sich auch an Muth und Herz gleichen." Die Bevölkerung Sylts zählt gegenwärtig etwa 4000 Seelen, die Zahl der im Jahre 1899 in Westerland und Wenningstedt zusammen anwesenden Kurgäste betrug 12695, im Jahre 1890 nur erst 7300.

Abb. 90. Insel Neuwert.

Südlich von Sylt, südwestlich von Föhr, von der ersteren Insel durch das Fartrapp-Tief, von letzterer durch das Amrumer Tief getrennt, liegt das Eiland Amrum, 10 Kilometer lang, bis 3 Kilometer breit, und 30 Kilometer vom Westrande des schleswig-holsteinischen Festlandes entfernt. Amrum ist nicht mit Unrecht als kleines Sylt bezeichnet worden, mit dem es in seiner Beschaffenheit viel Ähnlichkeit hat. Dem hochliegenden (16—20 Meter über dem Meer) diluvialen Hauptkörper der Insel sind in dessen östlichen Buchten schmale, sandige Marschbildungen angelagert, eine Dünenkette folgt dem ganzen Verlaufe der Insel, und nördlich wie südlich bildet dieselbe, über dem Hauptkörper hinausragend, eine eigene Dünenhalbinsel. Die scharf abgebrochenen

Thales dort. Es ist dies ein von hohen Dünenwällen eingerahmtes, von diesen aber auch schon verschüttet gewesenes 100 Schritt langes, und 80 Schritte breites Thal mit 22 verschiedenen Steinkreisen von verschiedener Form und Größe, mit und ohne Thorsetzungen, die — leider! — zum Teil beim Deichbau benutzt worden sind.

Ein gewaltiger Leuchtturm im Süden Amrums, dessen Laterne (Drehfeuer) in 67 Meter Meereshöhe leuchtet und 22 Seemeilen weit sichtbar ist, der höchste an der deutschen Nordseeküste, gewährt einen guten

Abb. 91. Scharhörnwatt.

Ränder, die wir auf Sylt in den verschiedenen Kliffbildungen kennen gelernt haben, fehlen Amrum bis auf eine einzige Stelle an der Ostseite, wo das jüngere Diluvium sich kliffartig bis zur Höhe von 12,6 Meter aus dem Wattenmeer erhebt. Amrums Bewohner beanspruchen, der edelste Stamm unter den Friesen zu sein, bestehen aus ca. 900 Seelen und leben von Schiffahrt, Fischerei und Ackerbau. Für den Altertumsforscher besitzt Amrum großes Interesse, befindet sich doch nordwestlich von Kirchdorf Nebel und südwestlich von Norddorf die altheidnische Opferstelle des Stalnas-

überblick über das Eiland und seine Umgebung, über Föhr, die Halligen, die der Insel im Westen vorgelagerte Sandbank Kniepsand u. s. f. Im Norden stehen die Häuser von Norddorf, schon auf der südlichen Hälfte desselben das Haupt- und Kirchdorf Nebel mit der alten St. Clemens-Kirche und dem interessanten Friedhofe, und südlich davon das Süddorf. Auf Amrum sind in den jüngstverflossenen Jahren mit allem Komfort der Neuzeit ausgerüstete Badeetablissements entstanden. Dahin gehört Wittdün mit schönem Kurhaus und vorzüglich eingerichteten Gasthöfen an der

Abb. 92. Helgoland aus der Vogelperspektive.

Südseite. Von dort führt eine Dampfspurbahn die Badegäste an den Badestrand auf Kniepsand. Etwa 4 Kilometer nordwestlich von Wittdün treffen wir mitten in den Dünen, am Fuße der 29 Meter hohen Satteldüne das gleichnamige Hotel mit eigenem, durch eine Pferdebahn mit dem Gasthofe verbundenen, ebenfalls auf Kniepsand belegenen Badestrande (Abb. 23 u. 24).

Für eine direkte Verbindung Amrums mit verschiedenen Stellen der deutschen Nordseeküste während des Sommers ist bestens

Abb. 93. Helgoland, von der Düne gesehen.
(Nach einer Photographie von F. Schensky in Helgoland.)

gesorgt. Dampfer der Nordseelinie ver=
mitteln dieselbe, sowohl von Bremerhaven
ab, als auch von Hamburg aus, beide
Fahrten über Helgoland. Wer eine all=
zulange Seefahrt scheut, kann Amrum aber
auch von Husum aus erreichen; diese inter=
essantere Reise führt durch die Inselwelt der
Halligen hindurch. Noch bequemer aber ist
der Weg über Niebüll und Wyk auf Föhr.

Abb. 94. Mönch und Predigtstuhl.
(Nach einer Photographie von F. Schensky in Helgoland.)

Die Landungsbrücke für alle Dampfer be=
findet sich in Wittdün.

Wesentlich anders als der Boden der
drei nordfriesischen Inseln, die wir bisher
kennen gelernt haben, ist der Untergrund
der übrigen, hierher gehörigen Eilande be=
schaffen. Derselbe besteht nämlich größtenteils
aus Marschboden. Föhr macht davon aller=
dings insofern eine kleine Ausnahme, als
dessen südwestlicher Teil, etwa zwei Fünftel
des ganzen Areals dieser Insel, hochliegendes

Geestland, das übrige aber Marschland ist.
Neben Föhr kommen hier in Betracht die
Eilande Pellworm und Nordstrand und die zehn
Halligen, als Oland, Langeneß Nordmarsch,
Gröde mit Appelland, Habel, Hamburger
Hallig, Hooge, Nordstrandisch=Moor, Norder=
oog, Süderoog, Südfall. Pohnshallig hat
seine Eigenschaft als selbständige Insel ver=
loren infolge seiner Verbindung mit Nord=
strand durch einen Damm,
und ist nur mehr noch als
ein Vorland dieses letzten
Eilandes zu betrachten. Die
südliche Begrenzungslinie
dieser ganzen Inselwelt bil=
det der Hever.

Föhr hat einen Umfang
von 37 Kilometer, einen
Flächeninhalt von 82 Qua=
dratkilometer und seine Mar=
schen sind durch starke Deiche
gegen den Anprall der Nord=
seewogen geschützt. Im We=
sten der Insel tritt an die
Stelle des gewöhnlichen Dei=
ches ein gewaltiger Stein=
deich, dessen Gesamtlänge
zur Zeit über 3500 Meter
beträgt. Zur Verstärkung
der Deiche Föhrs, die vor=
aussichtlich im Jahr 1900
beendet sein wird, sind
362 000 Mark (als 4. und
letzte Rate) in den Staats=
haushaltsplan des König=
reichs Preußen für 1900
eingestellt worden.

Der Flecken Wyk im Süd=
osten ist die bekannteste und
wichtigste Ortschaft der Insel
Föhr, berühmt durch sein
seit 1819 bestehendes Nord=
seebad, das in der ersten
Hälfte des neunzehnten Jahrhunderts ein
Sammelplatz der dänischen Aristokratie ge=
wesen ist. Die Könige Christian VIII. und
Friedrich VII. hielten sich gerne hier auf.
Wyk ist noch immer im stetigen Aufschwung
begriffen, und 1899 wurde das Bad von
5169 Kurgästen besucht. Der Verein für
Kinderheilstätten an den deutschen Seeküsten
hat hier eine Kinderheilanstalt gegründet,
ein Liebeswerk, das in erster Linie armen
Kindern aus allen deutschen Gauen zu gut

Abb. 95. Helgoland. Das Oberland und die Norddüne.
(Nach einer Photographie von F. Schensky in Helgoland.)

Abb. 96. Helgoländerinnen.
(Nach dem Gemälde von Bennewitz von Loefen jr.)

Alkersum, Bol-dixum, Goting, Nieblum, Ove-num, Utersum u. s. f. Der höchste Punkt der Insel ist der 13 Meter hohe Sül-wert bei Witsum am Südrande Föhrs. Etwas östlich davon, bei Borgsum ist ein alter Burgwall, dessen Errich-tung ebenfalls auf den uns schon von Sylt her be-kannten Ritter Claes Limbek, einen Vasallen König Walde-mars von Dä-nemark, zurück-geführt wird. An Grabhügeln und anderen Denk-mälern aus prä-historischer Zeit fehlt es auf Föhr ebensowenig als auf Sylt oder Amrum.

In Nieblum steht die große St. Johannis-Kirche, eine der größten Land-kirchen des Lan-des, 58 Meter lang. Die Nord-seite des Schiffes

kommt, und in neuester Zeit ist an der Südseite von Föhr und nahe bei Wyk ein Nordsee-Sanatorium entstanden, das be-zweckt, der leidenden Menschheit einen ver-längerten Aufenthalt an der See zu er-möglichen und als Herbst- und Winter-station dienen soll.

Neben Wyk, das bei der Volkszählung von 1895 von 1154 Menschen bewohnt war, liegen noch eine große Anzahl von Dörfern auf dem im ganzen von etwa 5000 Menschen bevölkerten Eilande Föhr, so besitzt Stroh-, der übrige Teil des Gottes-hauses Bleibedeckung. St. Johannis ist die Mutterkirche Föhrs, das außerdem noch im Westen, östlich von Utersum die St. Laurenti-Kirche und im Osten, in Bol-dixum ein dem heiligen Nikolaus geweihtes Gotteshaus hat. Eine Anzahl von Kirchen sind im Verlaufe der Zeiten durch die Fluten in die Tiefe gerissen worden, so beispielsweise die Hanumkirche, von der in einem Hause von Midlum noch Balken vor-handen sein sollen.

Das Föhringer Land ist gut bebaut: üppige Kornfelder und fruchtbare Wiesen bedecken es, und viel Wohlstand ist auf dem Eilande zu finden. Ihre reizende, durch schöne, große, in Filigranarbeit ausgeführte Silberknöpfe ausgeschmückte Nationaltracht haben die Föhringerinnen noch nicht in dem Maße abgelegt, wie die Frauen von Sylt. Die erheblichen Kosten bei der Neuanschaffung des Kleides mögen immerhin an dem allmählichen Verschwinden der Tracht auch auf Föhr Schuld tragen (Abb. 25—29).

Nordstrand und Pellworm sind Reste der großen Insel Nordstrand, welche die Sturmflut 1634 zerrissen und zerstört hat. Das übriggebliebene östliche Stück ist das heutige Nordstrand, das westliche Pellworm, ein Ueberbleibsel vom Mittelstück bildet die Hallig Nordstrandisch-Moor (vgl. hier den Abschnitt über die Sturmfluten, S. 26).

Das 8 Kilometer lange und ebenso breite Nordstrand wurde nach der Katastrophe von 1634 von Herzog Friedrich III. von Gottorp Brabantern und Niederländern zur Eindeichung überlassen, nachdem sich die von der Sturmflut übriggebliebenen früheren Bewohner zum Teil geweigert hatten, wieder auf die Insel zurückzukehren. Gegenwärtig besteht es aus 6 Kögen und wird von etwas über 2400 Menschen bewohnt. Von den vor 1634 vorhanden gewesenen Gebäuden ist nur noch die Vincenzkirche zu Odenbüll erhalten, zugleich das einzige, das die Fluten damals verschonten. Der in diesen Blättern mehrfach genannte Chronist Johannes Petrejus, gestorben 1608, war hier Pastor. Die Vincenzkirche ist ein turmloser Ziegelbau auf hoher Werft mit schöngeschnitztem Altar aus dem Ende des fünfzehnten Jahrhunderts.

Pellworm ist 8 Kilometer lang und 7 Kilometer breit, von mächtigen Deichen, darunter im Westen ein riesenhafter Steindeich, umwallt. Es bildete früher ein sehr hohes Marschland, das aber infolge einer beträchtlichen Lagerung des Bodens in den letzten Jahrhunderten gegenwärtig unter gewöhnlicher Fluthöhe liegt. Das Moor unter der Marsch ist zusammengepreßt, und so wurde die Marscherde selbst allmählich dichter. An den in der Mitte der Insel belegenen „großen Koog" gliedern sich 10 weitere, verschieden eingedeichte, aber, wie betont, von einem einheitlichen Außendeich umzogene Köge an.

Zwei Kirchspiele befinden sich auf der Insel, die alte Kirche und die neue Kirche. Die erstere, ein sehr merkwürdiges und mit verschiedenen, interessanten Kunstschätzen ausgestattetes Gotteshaus, aus dem Anfang des elften Jahrhunderts, hatte einen Turm von

Abb. 97. Helgoländer Fischerwohnung.

Abb. 98. Hengst und Nordspitze von Helgoland.
(Nach einer Photographie von F. Schensky in Helgoland.)

57 Meter Höhe, der um 1611 einstürzte und dabei einen Teil der Kirche zerschmetterte. Seine stehen gebliebene Westmauer war lange Zeit hindurch ein wichtiges Seezeichen. Die Einwohnerzahl Pellworms betrug am 1. Dezember 1890 2406 Seelen.

Unter demselben Namen „Halligen" faßt der heutige Sprachgebrauch „alle Grasländereien, die ohne den Schutz von Dämmen den Überschwemmungen durch die See ausgesetzt sind, also auch den ganzen Vorlandssaum längs der Außendeiche", sagt Eugen Traeger, der beredte Schilderer und unermüdliche Anwalt der Halligenwelt. Mit diesem Autor beschränken wir hier diesen Ausdruck auf die echten Inselhalligen, die wir weiter oben schon namentlich aufgeführt haben. Eine elfte Hallig ist das erst im Laufe dieses Jahrhunderts neu emporgewachsene und noch unbewohnte Helmsand in der Meldorfer Bucht, eine zwölfte Jordsand bei

Sylt, das nicht mehr bewohnt ist. Die Halligen sind insulare Reste des in geschichtlicher Zeit von den Sturmfluten, dem Eisgang und den Gezeitenströmungen zerrissenen Festlandes, welche das Meer ehemals im Schutze der äußeren Dünenkette abgelagert hatte. Eine Hallig steigt mit stark zerklüfteten und zerrissenen, $\frac{1}{2}$—$1\frac{1}{2}$ Meter hohen Wänden senkrecht von dem Wattenplateau empor, welches um sie her bei Ebbe vom Meer verlassen, bei Flut aber wieder überschwemmt wird. Ihr Boden ist ganz eben, von größter Fruchtbarkeit und dicht bestanden mit einem feinen, kräftigen und außerordentlich dichten Gras (Poa maritima und Poa laxa), zwischen dessen Halmen weiß blühender Klee und die Sude (Plantago maritima) neben vielen anderen Kindern Floras gedeihen. Bei jeder Überschwemmung läßt das Meer eine Schicht feinen Schlicks auf dem Halligboden zurück und besorgt so dessen Düngung. Die Halligen nehmen also, ähnlich wie die Lande am Nilstrom, jährlich unmerklich an Höhe zu. Gräben von verschiedener Länge und Tiefe durchziehen die Halligen, bisweilen in solchem Maße, daß sie den Wattenfahrzeugen als Häfen dienen können. Wie freundliche Oasen liegen die Halligen in der grauen, öden Wüste der Wattengefilde da.

Die menschlichen Wohnstätten und Stallungen für das Vieh liegen auf Werften von etwa vier Meter absoluter Höhe, bald nur eine, bald mehrere an der Zahl, mit Gärtchen umgeben. Bei den Häusern befindet sich der „Fething" genannte Teich, welcher zum Auffangen der Niederschläge dient und im Falle der Not mit seinem Wasservorrat auszuhelfen hat. Aus dem Fething werden auch die Wassertröge für das Vieh gespeist. Das Wasser für den menschlichen Gebrauch wird in etwa zehn bis zwölf Fuß tiefen, aufgemauerten Cisternen gesammelt (vergl. Abb. 9 u. 10, sowie Abb. 31—35).

Eigenartig ist die innere Einrichtung der mit Rohrschauben bedeckten, ziemlich hochgiebligen Häuser mit ihren holzverschalten oder mit Kacheln verkleideten Zimmerwänden, ihren durch Thüren abgeschlossenen Bettnischen, der reinlichen Küche u. s. f. Eine berühmte Hallighauswohnstube birgt das Königshaus auf Hooge, den „Königspesel", so genannt nach Friedrich VI. von Dänemark, der hier im Jahre 1825 einige Tage zugebracht hat.

Die Halligbewohner sind von ungeheuchelter Frömmigkeit und bemerkenswerter Wohlanständigkeit, ihre Frauen züchtig, ehrbar und freundlich, dagegen von etwas schwerfälliger Bedächtigkeit, so daß es, wie Traeger bemerkt, fast unmöglich erscheint, sie zu Privatleistungen zu bewegen, bei denen gemeinsames Handeln unter Aufbietung persönlicher Opfer im allgemeinen Interesse erforderlich ist. „Das ist ihr Hauptfehler, ihr nationales Unglück, welches sie im Kampfe mit den Fluten der Nordsee durch schreckliche Verluste an Menschenleben, Land und beweglicher Habe gebüßt haben."

Ihre hauptsächlichste Beschäftigung bilden die Viehzucht und die Schiffahrt. Die Männer der Halligen sind geborene Seeleute und sollen in dieser Beziehung von keinem Volk der Erde übertroffen werden. Im achtzehnten Jahrhundert blieb kein Mensch, der gesunde Glieder hatte, zu Haus: gleich im Frühjahr verschwand die ganze männliche Bevölkerung und ging aufs Schiff, um erst um Weihnachten heimzukehren. Mancher freilich hat die Heimat nicht wieder gesehen. Mitsamt den Männern von Amrum, Föhr, Sylt und den Nachbarinseln lieferten die Halligleute vorzugsweise die Bemannung der nach Indien, China oder ins Eismeer zum Walfischfang fahrenden Schiffe. Viele brachten es zu hohen Ehren und großem Reichtum, aber zäh und fest hingen sie doch immer mit allen Fasern ihres Herzens an ihrer Heimat.

Eine kleinere Erwerbsquelle für die Halligbewohner bildet auch der Porren(Krabben-)fang. Jede Hallig hat ihren Porrenpriel, woselbst diese kleinen Krebse, besonders in der Zeit nach der Heuernte bis

Abb. 100. Die neue Brücke von Harburg nach Hamburg.
(Nach einer Photographie von Max Wichmann in Harburg.)

Süderoog soll es besonders von Vögeln wimmeln. Am Ende des achtzehnten Jahrhunderts war die Menge dort so groß, daß die kleinen Leute auf Pellworm fast den ganzen Sommer hindurch davon leben konnten. Ganze Massen davon wurden ferner auf das Festland gebracht und dort von den Bauern als Schweinefutter verwendet. Des weiteren sind die Halligbewohner nicht selten geschickte Seehundsjäger; der Schiffszimmermann Holdt auf Hooge hat im Jahre 1891 80 Stück davon erlegt, deren Durchschnittsertrag sechs Mark war, so daß ihm eine Bruttoeinnahme von 500 Mark daraus erwachsen ist (Abb. 36 u. 37).

Die längste der Halligen ist Langeneß-Nordmarsch; nach der Vermessung von 1882 betrug ihr Areal etwa 1025 Hektar, gegenüber 1179 Hektaren, die sie bei derjenigen von 1873—1874 noch besaß. Norderoog, mit 16,96 Hektaren (gegenüber 22,72 Hektaren 1873—1874) ist die kleinste. In der Gegenwart hat die preußische Regierung die Fürsorge für die fernere Erhaltung dieser kleinen Inseln, die schon deshalb besonders geschützt werden müßten, weil sie die Wellenbrecher für das Festland bilden, besonders im Auge. 1896 bewilligte der Landtag hierfür die Summe von 1 320 000 Mark. Ein großer Teil des Verdienstes, das mit veranlaßt und herbeigeführt zu haben, mag wohl dem Sekretär der Handelskammer zu Offenbach a. M., Dr. Eugen Traeger gebühren, der unablässig dafür eingetreten ist. So hat in den jüngstverflossenen Jahren Oland mächtige Dämme mit schwerer Steindecke und Busch und Pfahlbuhnen erhalten, und nicht minder großartige Dämme wurden zur Verbindung dieser Insel mit dem

zu Anfang November vermittelst eines besonders dazu konstruierten Netzes gefangen werden. Man nennt diesen Vorgang das Porrenstreichen. Die Fische fängt man in sogenannten Fischgärten, Faschinenreiser, die in der Gestalt eines langschenkligen Winkels auf geneigten Wattflächen in den Boden gesteckt werden und am Scheitelpunkte des Winkels einen mit einem Netz in Verbindung stehenden Durchlaß haben. Die in die Einhegung geratenen Fische ziehen sich bei eintretender Ebbe immer weiter nach dem Durchlaß hin zurück und geraten schließlich ins Netz. In der Gegenwart soll diese Art der Fischerei immer mehr abkommen. Dagegen pflegt man mit dem Stecheisen die Plattfische aufzuspießen, und in dem schlammigen Halliggräben die darin befindlichen Fische, besonders Aale, mit der Hand zu greifen.

Die Jagd auf Vögel (Regenpfeifer, Austernfischer, wilde Enten, Gänse u. s. f.) wird selten mehr mit dem Netz, sondern durch Schießen ausgeübt, mit besonderem Erfolge bei Nacht, indem man die Vögel durch den Schein einer brennenden Laterne anlockt. Das systematische Einsammeln der Vogeleier (Möven, Enten u. s. f.) verschafft den Halligbewohnern gute Einnahmen. An den Rändern der Wasserflächen befinden sich zahllose Nester, und von hier holen sie sich ihre Ernte an Eiern und Jungen. Auf

Festlande bei Fahretoft (Kosten 408 000 Mark) und mit Langeneß (Kosten 207 000 Mark) in die See gebaut, zum Teil unter unsäglichen Schwierigkeiten, denn die Strecke Oland Fahretoft hat allein im Jahre 1898 infolge schwerer Beschädigung durch die Wellen an 100 000 Mark Ausbesserungskosten verursacht und mußte in ihrer Anlage etwas verändert werden. Die Herstellung der Olander Dämme, deren Sohlenbreite 10 Meter beträgt, die sich zu einer Kronenbreite von 4 Metern verjüngt, an besonders exponierten Stellen aber, so am

dem Festland führt. Hooge ist auch die einzige der Halligeninseln, die außer Kirche und Pfarrhaus noch ein eigenes Schulhaus besitzt. Die Kirchen sind einfache Gebäude, ohne Turm, mit dem Giebel von Osten nach Westen gerichtet, wie alle Gebäude auf den Halligen, daneben ein kleines hölzernes Glockentürmchen. Im Inneren sind Gänge und Altarraum mit Ziegelpflaster versehen, der übrige Raum ist mit Meeressand bedeckt, Bänke, Kanzel und Altar sind bescheiden ohne viel Schmuck. Dem Langenesser Gotteshaus fehlt das Glockentürmchen

Abb. 101. Schnelldampfer „Kaiser Wilhelm der Große".
(Nach einer Photographie im Besitz des Norddeutschen Lloyd.)

Olander Tief 7½ Meter groß bleibt, hat rund 90 000 Kubikmeter Faschinen, 100 000 laufende Meter Würste aus Busch- und Pfahlwerk, 200 000 Stackpfähle zur Befestigung und 4000 Kubikmeter Felsbelag erfordert, von der massenhaft verwendeten Erde ganz zu schweigen. Zur Zeit haben auch die Arbeiten zum Schutze der Insel Gröde ihren Anfang genommen, und man war im Frühjahr 1900 damit beschäftigt, an denjenigen Stellen Erde auszuheben, wo die Steindossierung angelegt werden soll.

Über Hooge läuft das Kabel, das von Amrum, Pellworm und Nordstrand nach

an der Seite; das Zeichen zum Beginn des Gottesdienstes wird hier mit der Kirchenflagge gegeben. Von besonderem Interesse sind auch die Friedhöfe mit manchen alten Grabsteinen und bemerkenswerten Inschriften darauf. Den alten Kirchhof von Nordstrandisch-Moor haben die Wellen zerstört, und aus dem tiefen Schlamm schauen die Reste der Särge und die Skelette der Toten hervor. Auf verschiedenen Halligen sind Schulen; wo das nicht der Fall ist, da werden die schulpflichtigen Kinder in Pension gegeben.

Die Postverbindung mit den Halligen

Abb. 102. Gesellschaftszimmer im Schnelldampfer „Kaiser Wilhelm der Große".
(Nach einer Photographie im Besitz des Norddeutschen Lloyd.)

erfolgt über Husum-Nordstrand, von hier weiter durch einen Postschiffer zwei- bis dreimal in der Woche. Bei starken Stürmen oder bei schwerem Eisgang erleidet dieselbe natürlich allerlei Unterbrechungen von kürzerer oder längerer Dauer. Dies war beispielsweise im Winter 1888 der Fall, wo man auf Hooge und Gröde noch am 22. März den 91. Geburtstag des damals schon seit 14 Tagen entschlafenen Kaisers Wilhelm I. feierte. Die Telegraphenverbindung Hooges mit der Festlandküste war damals noch nicht vorhanden.

IX.

Eiderstedt.

Südlich von Husum, zwischen dem vom Heverstrom durchzogenen Teil des Wattenmeeres im Norden und der Eidermündung in ihrer heutigen Gestalt, sowie den Ditmarscher Gründen im Süden, westlich von der Nordsee begrenzt, dehnt sich die erst in historischen Zeiten mit dem Festland verbundene Landschaft Eiderstedt aus. Politisch bildet dieselbe den 330,5 Quadratkilometer umfassenden, gleichnamigen Landkreis, dessen Bewohnerzahl nach der Volkszählung vom 2. Dezember 1895 15788 Seelen betrug, was einer Volksdichte von etwa 49 Menschen auf dem Quadratkilometer gleichkommt. Eiderstedts Boden besteht größtenteils aus dem besten Marschlande, und der dortige Klei ist, um mit Pontoppidan zu reden, „eine Mutter des wohlriechenden und großen, kräftigen Wiesen-Klees: daher in Eiderstedt die vortrefflichsten Meyereyen anzutreffen, und soll eine Kuh des Tages 16 à 18 Kannen der allerbesten Milch ausgeben können; daher die Eiderstedtische Butter und Käse in sehr großer Menge außerhalb Landes verführet wird". Nach aus dem Anfang des siebzehnten Jahrhunderts datierenden Zollabrechnungen wurden jährlich an dritthalb Millionen Käse nach Hamburg, Bremen und sogar nach Amsterdam versandt.

Und was der Autor des Theatrum Daniae vor nunmehr 170 Jahren schrieb, hat auch noch heute volle Geltung. Es geht die Rede, daß nach dem Garten Eden Eiderstedt der schönste Fleck auf Gottes weiter Erde sei. Für den Eiderstedter Bauern mag diese Auffassung sicherlich ihre Berechtigung haben. Behauptet doch ein landesübliches Sprichwort, daß ein solcher Landmann von echtem Schrot und Korn weiter nicht viel mehr zu thun habe, als: Slopen, Äten, Supen, Spazierengahn und — ordentlich zu verdauen. Das letzte Reimwort im Originaltert richtig wiederzugeben, verbietet mir hier der Anstand.

Eigentliche Bodenerhebungen gibt es im Inneren Eiderstedts kaum. Seine Küstenlinie umzieht der grüne Wall der Seedeiche, und Binnendeiche trennen die zu verschiedenen Zeiten dem Meere abgetrotzten Köge voneinander. Ebensowenig wird man von der Natur geschaffene Vertiefungen hier finden und vergebens nach Flüssen, Bächen oder Seen suchen. Aber Graben- und Wasserzüge durchqueren Eiderstedt allenthalben und schaffen die viereckige Landeinteilung der Fennen. Wenn der Bauer über Land geht, so führt er den „Klüwerstock", einen vier bis sechs Ellen langen Springstock, mit sich, mit dessen Hilfe er über diese Gräben hinwegsetzt. Frauen, Kinder und Landfremde müssen aber den Fußsteigen folgen, die oftmals erst über lange Umwege zum Hause des Nachbarn führen. Einen Gang durch Eiderstedt hat Professor Meiborg in Kopenhagen in gar anziehender Weise mit folgenden Worten geschildert: „Wir gehen landeinwärts. Der Kuckuck ruft, solange der Tag währt, und die Lerche schlägt ihre Triller. Eine zahllose Menge von Pferden und Rindern grast auf den Weiden; ausgedehnte Strecken sehen von der Anzahl des Viehes aus, wie ungeheure Marktplätze. Bald fesseln das Auge einzelne Tiere, bald ziehen es einzelne Gruppen an, die sich um die Schennenplätze gesammelt

Abb. 103. Rauchzimmer im Schnelldampfer „Kaiser Wilhelm der Große".
(Nach einer Photographie im Besitz des Norddeutschen Lloyd.)

7*

haben. Mehr in der Ferne sehen sie aus wie bunte Flecke auf dem grünen Teppich, die, je weiter der Blick geht, desto enger zusammenrücken. — Sonst läßt sich die Landschaft mit einem englischen Park von ungemessener Größe vergleichen: auf meilenweiter Grasfläche, die wie ein einziger wundervoll herrlicher Rasen erscheint, hingesäet liegen die Gehöfte, wie im Gehölze halb versteckt, hinter Gruppen prächtiger Eschen, und der Kranz dieser Haine vereinigt sich am Gesichtskreis wie in einen einzigen zusammenhängenden Wald."

In der Nähe der Küste ist das Landschaftsbild zuweilen ein etwas anderes, denn die jüngsten Köge sind teilweise noch von Sümpfen eingenommen und stehen in Regenzeiten manchmal sogar unter Wasser. In trockenen Sommern aber erscheinen sie dann auf weite Strecken hin als nackte Lehmflächen, die von modernden Algen weiß und blaurot gefärbt sind und dann in grellem Kontraste mit dem sonst so üppigen Pflanzenwuchse stehen. Zahlreiche Schafherden weiden hier, und eine Menge von Möven (Abb. 39), Kiebitzen, Regenpfeifern und anderen Strandvögeln halten sich hier auf.

Große Strecken Landes haben seit undenklichen Zeiten nur als Weideplätze gedient, und da dem Landmann, welcher nur Viehzucht treibt, ein viel leichteres und angenehmeres Leben blüht, als dem Ackerbauern, so hat das weiter oben angeführte Verslein natürlich in erster Linie auf jenen Bezug. Soll doch das fette Eiderstedter Gras sogar dem Hafer an Mastwert gleichkommen. Jährlich werden hier etwa 3000 bis 4000 Stück Fettvieh und eine bedeutende Zahl von Schafen hervorgebracht, welche meistenteils nach Husum auf den Markt wandern. Bei der Zählung am 10. Januar 1883 betrug der gesamte Viehstand des Kreises 2522 Pferde, 13304 Rinder, 24453 Stück Schafe und 1322 Schweine.

In vergangenen Zeiten hatte Eiderstedts Viehzucht nicht wenig unter Ueberflutungen zu leiden gehabt, so daß das Vieh unter unaufhörlichem Gebrüll ruhelos auf den Fennen herumwaten mußte und kein trockenes Plätzchen zum Hinliegen finden konnte. Seitdem aber das Sielwesen im Lande so verbessert wurde, ist das anders geworden.

Auch die Rinderpesten haben zuweilen viel Schaden gebracht, so besonders im Jahre 1745, wo wiederholt binnen wenigen Wochen fast der ganze Viehstand fiel.

Nicht minder lohnend als die Viehzucht ist aber auch der Ackerbau im Lande Eiderstedt, wenn auch sehr viel mühsamer und beschwerlicher. Denn in trockenem Zustande ist der schwere Kleiboden so hart, daß der Pflug kaum hindurchkommen kann, und bei Regenwetter wiederum wird die Erde so weich, daß es den Pferden nur bei allergrößter Anstrengung möglich ist, sich hindurchzuarbeiten. Bisweilen müssen ihrer sechs am Pfluge ziehen, und dann müssen die Schollen doch noch hier und da mit Schlägeln zertrümmert werden. Dafür steht aber in guten Jahren das Korn so dicht und stark, daß es mit der Sichel geschnitten werden muß, und der Hafer 30=, die Gerste 44fältig trägt; vom Raps geben 20 Kannen Aussaat 150—200 Tonnen Ertrag. „Wer," so schreibt Meiborg weiter, „von den angrenzenden Harden des mittleren Schleswigs, die den magersten Sandboden haben, herüberkommt nach Eiderstedt, dem erscheint es, als komme er in ein ganz anderes Land, und er versteht wohl die Äußerung des alten eiderstedtischen Bauern, der zu seinem wanderlustigen Sohne sagte: ‚Hier ist die Marsch; die ganze übrige Welt ist nur Geest; was willst du doch in der Wüste?'

Der wohlhabende Eiderstedter Bauer ist eine stattliche Erscheinung und soll noch heutzutage, wie vorzeiten seine Ahnen etwas phlegmatisch angelegt sein und mit einer gewissen Geringschätzung auf Leute anderen Berufes und anderer Herkunft herabschauen.

Große, hochgiebelige Häuser, sogenannte Hauberge, sind die Wohnstätten des Eiderstedter Landmannes. Im Verlaufe des siebzehnten und des achtzehnten Jahrhunderts kamen sie in Eiderstedt immer mehr auf und verdrängten nach und nach den bisher im Lande üblich gewesenen Haustypus, den man im übrigen schleswigischen Frieslande noch allgemeiner findet, und der in der Gegenwart im Eiderstedtischen bis auf ganz wenige vereinzelte Überreste vollständig verschwunden zu sein scheint. Ein berühmtes Beispiel eines Haubergs steht an der Nordküste, nahe bei Husum; es ist der soge-

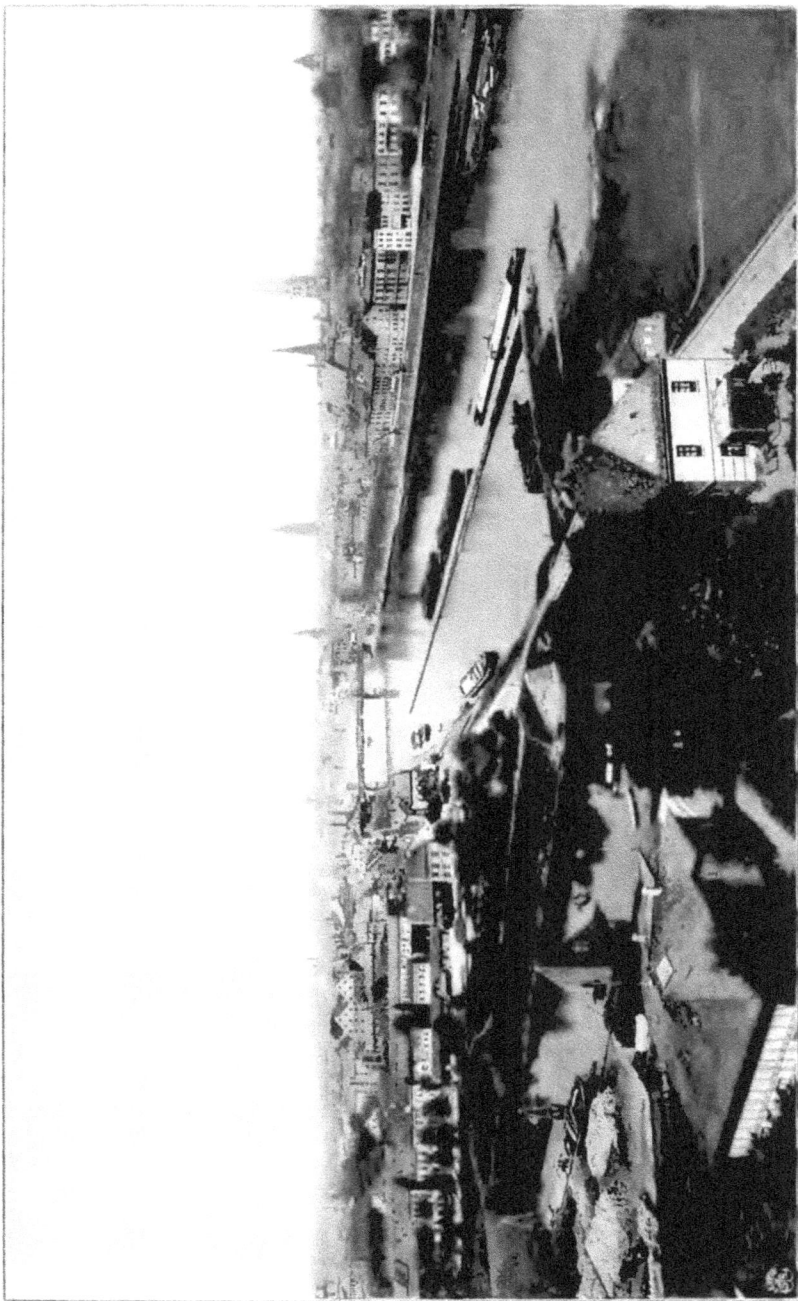

Abb. 101. Bremen. (Nach einer Photographie von Louis Koch in Bremen.)

nannte „rote Hauberg", einer der ältesten
im Lande und wohl schon in der ersten
Hälfte des siebzehnten Jahrhunderts errichtet. Es unterscheidet sich derselbe übrigens in manchen Einzelheiten von seinen
Genossen, so durch seine zwei Hauptthüren,
seine beiden Dachgiebel, durch die eigentümlichen Verzierungen seiner Thüreinfassungen
und noch durch anderes mehr. Im Volksmunde heißt er auch der Hauberg mit den
100 Fenstern, und die Sage nennt den leib-
haftigen Satan als seinen Baumeister.

Denselben Anstrich von prunkendem
Reichtum, den das eiderstedtische Haus in
seinen äußeren Teilen zeigt, besitzt es meist
auch in seinen inneren Räumen. Der
Fremde, der dort willkommen geheißen
wird, kann sich des Gefühles nicht er-
wehren, als ob er bei einem Landedel-
mann zu Gaste wäre.

Über die Sitten und Gebräuche der
Eiderstedter in dahingeschwundenen Tagen
ließe sich recht viel Interessantes berichten.
Leider aber mangelt uns der nötige Platz
hierfür. Immerhin mag hier noch die Blut-
rache Erwähnung finden, die noch lange
Zeit nach der Einführung des jütischen
Gesetzbuches Waldemars des Siegers in
den Marschlanden vorgeherrscht hat. Ein
vor nicht gar langer Zeit im roten Hauberg entdecktes Gefängnis, ein unterirdisches
Verließ mit Pfahl, Ketten und Halseisen
erinnert an diese schreckliche Sitte. Rings
auf den Bauernhöfen gab es ähnliche Kerker,
in denen man Angehörige des Getöteten,
die man am Leben lassen wollte, in Ketten
gefangen hielt, bis die Mannbuße für sie
gezahlt war.

Verhältnismäßig gute Landstraßen und
die Bahnlinie Husum-Tönning-Garding sind
die Adern des Verkehrs in Eiderstedt. Große
Städte hat es nicht; die größte, Tönning,
zugleich Sitz des Landrats, hat etwa 3300
Einwohner. Sie liegt an der Eider, nur
wenige Meilen von deren Mündung entfernt, und hat einen 1613 von Herzog
Johann Adolph mit großem Kostenaufwand
angelegten, früher recht bedeutenden Hafen,
der an 100 Schiffe mittlerer Größe, deren
Tiefgang nicht mehr als elf Fuß betrug,
fassen konnte. In der Gegenwart kommt
derselbe nicht mehr in Betracht, und von
dem lebhaften Handel, den sie ehemals betrieb, ist in der recht still gewordenen Stadt

wenig mehr zu merken. Am 1. Januar
1891 war ihr Schiffsbestand sechs Segler
und acht Dampfschiffe groß, mit insgesamt
5081 Registertons Rauminhalt (Abb. 12).
Besondere Berühmtheit in der Kriegsgeschichte Schleswig-Holsteins hat Tönning
durch das Bombardement im April 1700
erlangt — die Dänen unter dem Herzog
von Württemberg warfen damals 11000
Bomben und 20000 Kugeln in die Stadt —
und durch die unter ihren Mauern am
16. Mai 1713 erfolgte Kapitulation des
schwedischen Generals Steenbock nach seinem
bekannten Übergang über die vereiste Eider.

Am Endpunkte der Bahn liegt Garding,
eine kleine, kaum 1700 Einwohner zählende
Stadt, die Heimat des Historikers Theodor
Mommsen. Von hier aus gelangt man
auf guten Wegen nach Tating, dessen Umgebung von der Sturmflut im Jahre 1825
hart mitgenommen wurde, und wenn man
noch weiter westwärts zieht, zu dem durch
den langen Dünenwall der Hißbank geschützten Kirchdorfe St. Peter. Hier hat
sich im Verlaufe der jüngsten Jahre ein
kleiner Nordseebadeort entwickelt, der zweifelsohne einer günstigen Zukunft entgegensieht.
Beinahe ganz in Eiderstedts Nordwestecke
treffen wir auf das Kirchspiel Westerhever,
einen Teil der in den Fluten vergangenen
Insel Utholm. Die älteste Kirche des Dorfes
soll um 1362 von den Wellen der See weg-
gespült worden sein.

X.

Die schleswig-holsteinische Westküste von der Eider bis Hamburg-Altona.

Die lange Küstenstrecke von der Eider
bis Hamburg wird durch eine Anzahl von
Eisenbahnlinien durchzogen, die meist in
den letzten Jahrzehnten entstanden sind und
viel dazu beigetragen haben, diese bis dahin
ziemlich abgelegenen Lande dem Reiseverkehr
fehr zu erschließen. Die Hauptlinie, die
Marsch- oder Westbahn, zweigt in Elmshorn von der Bahnlinie Altona-Bamdrup,
der verkehrsreichsten Ader in den Herzogtümern ab. Über Glückstadt, Itzehoe, Meldorf, Heide und Friedrichstadt erreicht sie
Husum, Tondern und geht jenseits der
Grenze in die Bahn nach Ripen über. Von
Husum bis nach Jütland hinauf ist uns
die Strecke ja schon bekannt geworden.

Abb. 105. Bremer Freihafen. (Nach einer Photographie von Louis Koch in Bremen.)

Abb. 106. Weserbrücke in Bremen.
(Nach einer Photographie von Louis Koch in Bremen.)

An die Marschbahn schließen sich nun
mehrere Zweiglinien an, so in Husum diejenige nach Eiderstedt (Garding über Tönning), die uns ebenfalls schon bekannt ist,
und die die Marschbahn mit der Hauptlinie bei Jübek verbindende Strecke. Bei
Heide mündet ein weiterer Verbindungs-
strang mit dieser letzteren, der bis Neu-
münster läuft und bei Grünenthal den
Kaiser-Wilhelm-Kanal vermittelst einer schönen
Hochbrücke überquert, von der im folgenden
noch einiges gesagt werden soll. Nach
Westen zu setzt sich diese Linie über Wesselburen bis nach Büsum fort. In St. Michael-
isdonn steigen die Reisenden für Marne
und den Friedrichskoog um, eine andere nur
kurze Zweigbahn verbindet die Hafenanlagen
des ebenerwähnten Kanals an den Brunsbütteler Schleusen mit der Station St.
Margareten, und von Itzehoe aus ist die
Hauptlinie ebenfalls wieder über die Strecke
Lockstedt-Kellinghusen-Wrist zu erreichen.
Endlich besteht eine von Altona bis nach
Wedel reichende Bahnlinie über die Ortschaften am rechten Elbufer.

Der nördliche Teil unseres Gebietes
gehört noch zum Kreis Schleswig, der hier
weit nach Westen übergreift, dann folgen
Norderditmarschen, Süderditmarschen, Steinburg und Pinneberg. An der Zusammensetzung des Bodens nehmen sowohl Geest,
als auch Marsch teil, in dem von uns
zu besprechenden Küstenareal in vorwie-
gender Weise die letztere, die aus einer
größeren Menge der fruchtbarsten Köge besteht, so der Sophienkoog, der Kronprinzen-
koog, der Friedrichskoog (so genannt nach
König Friedrich VII. von Dänemark) auf
der früheren, jetzt zur Halbinsel gewordenen
Insel Dieksand, der Kaiser-Wilhelm-Koog,
u. s. f. Daran schließen sich südlich die
holsteinischen Elbmarschen, und zwar im
Kreise Steinburg die im zwölften Jahrhundert von Holländern und Flamländern
eingedeichten Wilstermarsch und die Kremper-
marsch, und dann noch weiter nach Süden
die Haseldorfer Marschen.

An der Mündung der Treene in den
Eiderstrom liegt Friedrichstadt, mit 2350
Einwohnern, 1621 nach holländischer Art
im Viereck mit regelmäßigen und gerade
verlaufenden Straßen von Herzog Friedrich III. von Gottorp gebaut. Die Hoffnungen ihres Begründers, daß sie einmal
einer der ersten Handelsplätze in seinen
Landen werden sollte, hat die Stadt im Laufe
der Zeit unerfüllt gelassen. Ihre ursprünglichen Bewohner waren holländische

Remonſtranten, ſogenannte Arminianer, die ihr Vaterland aus Glaubensgründen verließen, und in der Gegenwart noch gibt es hier eine remonſtrantiſch reformierte Gemeinde neben der lutheriſchen. In den verfloſſenen Jahrzehnten hat Friedrichſtadt einen nicht unbedeutenden induſtriellen Aufſchwung zu verzeichnen gehabt (Knochenmehl-, Kunſtdünger-, Seifenfabriken), in der Kriegsgeſchichte der Herzogtümer iſt es durch den Kampf, der am 4. Oktober 1850 zwiſchen den Dänen und den Schleswig-Holſteinern unter ſeinen Mauern ausgefochten wurde (der Friedrichſtädter Sturm), bekannt.

Hier führt eine lange Brücke über die Eider (Ägidora, Egysdyr, das heißt Meeresthor, Thor des Meergottes Ägir), die wir bereits von Tönning her kennen. Schon auf holſteiniſchem Boden liegt das alte Lunden, ein Flecken in Norderditmarſchen, mit 4000 Seelen, in ſandiger Gegend, am Rande der Marſch. In den vergangenen Tagen des freien Ditmarſchens war es einmal ein reicher und wichtiger Punkt für Handel und Verkehr, nunmehr iſt es ein ſtiller Ort. Joachim Rachel, der bekannte Satirendichter, hat im Jahre 1618 das Licht der Welt hier erblickt. Nicht weit davon iſt das alte Kirchdorf Weddingſtedt mit ſeiner dem heiligen Andreas geweihten Kirche, welche nächſt derjenigen Meldorfs die älteſte Ditmarſchens iſt. Heide, mit 7500 Einwohnern iſt die Hauptſtadt Norderditmarſchens und war nach Meldorf die zweite der ehemaligen Bauernrepublik, in deren Gebiet wir uns befinden. Rieſig, 27000 Quadratmeter groß, iſt der Marktplatz zu Heide, auf dem ſeit 1434 die Landesverſammlungen gehalten wurden. Auch heute herrſcht noch rühriges Leben in der Stadt, welche ſich rühmen darf, des Landes Schleswig-Holſteins größten Lyriker, den erſt 1899 zu Kiel verſtorbenen Dichter Klaus Groth, hervorgebracht zu haben.

Weſtlich von Heide erhebt ſich auf großen Werften das alte Weſſelburen mit etwa 6500 Einwohnern, ein ſeines bedeu-

Abb. 107. Rathaus in Bremen.
(Nach einer Photographie von Louis Koch in Bremen.)

tenden Kornhandels wegen wichtiger Ort.
In der Geschichte der deutschen Litteratur steht
Wesselburens Namen vorne an. Dort wurde
am 18. März 1813 der Mann geboren

> Von düstrer Größ' umwoben,
> Der uns den Nibelungenhort
> Zum zweitenmal gehoben,
> Der von der Tischlertochter Lied
> Das grause Lied gesungen!
> Ditmarschens Trotz und Mächtigkeit
> Hat keinen so durchdrungen.　　(Bartels.)

sich ausgedehnt hat, aber größtenteils von
den Fluten verschlungen worden ist.

Später setzte sich dafür wieder an einer
anderen Stelle Land an, und mit der Zeit
wurde Büsum mit dem festen Lande verbunden. Auf der ehemaligen, in der Gegenwart ebenfalls landfest gewordenen Insel
Horst befindet sich ein vielbesuchtes Seebad.
Es wird an der dortigen Küste der Krabben-
fang in großem Maße betrieben, von Büsum

Abb. 108.　Saal im Bremer Rathaus.
(Nach einer Photographie von Louis Koch in Bremen.)

Ein einfaches Denkmal mit der Büste des
Geistestitanen erinnert an Friedrich Hebbel.
Das Haus seiner Eltern steht nicht mehr,
wohl aber noch die ehemalige Kirchspiel-
vogtei, in deren dumpfer Schreiberstube der
Dichter geduldet und gelitten hat, bis er,
einem jungen freigelassenen Adler gleich,
seinen Flug anheben konnte in die weite
Welt, die er mit seinem Ruhm erfüllen
sollte. Draußen an der See liegt Büsum,
der alte Rest eines großen Kirchspiels, das
in vergangenen Jahrhunderten südwestlich

allein zur Zeit durch nicht weniger als
36 Fahrzeuge, denen sich im Sommer noch
ein dazu erbautes Dampfschiff zugesellen
wird. Büsum ist die Heimat des bekannten
Chronisten aus dem Beginn des siebzehnten
Jahrhunderts, Neocorus.

Im Süden von Heide gelangen wir
bei Hemmingstedt auf das bekannte Schlachtfeld vom Jahre 1500, auf welchem sich
seit wenigen Monaten ein Erinnerungs-
denkmal an den großen Sieg der Ditmarscher erhebt. Vor vierzig Jahren wurde

Abb. 109. Partie aus dem Bremer Ratskeller.
(Nach einer Photographie von Louis Koch in Bremen.)

lethorp. Noch bis in das sechzehnte Jahrhundert hinein besaß die Stadt einen Hafen, der aber nunmehr an eine halbe Meile von ihrem Weichbild entfernt ist. Das sehr gemütliche Städtchen zählt zur Zeit etwa 4000 Einwohner und ist auf der Geest, dicht am Marschrande erbaut (Abb. 40). Schon um 1259 hatte Meldorf Stadtrecht erhalten, sank aber nach der Eroberung von Ditmarschen zum Flecken herab, um 1870 aufs neue zum Range einer Stadt erhoben zu werden. Hier tagten

hier auch Erdöl gewonnen, das im Jahre 1856 bei Anlaß einer Brunnenbohrung in den daselbst ziemlich nahe an die Erdoberfläche tretenden Kreideschichten zufällig entdeckt worden war. Das mit der Ausbeutung dieses Vorkommens beschäftigte Unternehmen stand längere Zeit hindurch in Blüte und das Erdöl von Heide erhielt sogar auf der Weltausstellung zu London im Jahre 1862 eine ehrenvolle Auszeichnung. Der Betrieb konnte wegen der immer mehr zunehmenden Konkurrenz des billigeren amerikanischen Petroleums später nicht mehr aufrecht erhalten werden, und auch ein weiterer, im Jahre 1880 unternommener Versuch der Erdölgewinnung mußte leider scheitern.

Meldorf ist das vormalige Melinthorp oder auch Mi-

in alten Zeiten die Landesversammlungen der Bauernrepublik. Man rühmt der Kirche Meldorfs nach, nunmehr die schönste in den schleswig-holsteinischen Landen zu sein, nachdem sie in den jüngstverflossenen Jahrzehnten einer gründlichen Reparatur unterworfen gewesen ist. Sie ist schon sehr alt, und der erste

Abb. 110. Partie aus dem Bremer Ratskeller.
(Nach einer Photographie von Louis Koch in Bremen.)

Abb. 111. Bremer Börse.
(Nach einer Photographie von Louis Koch in Bremen.)

Ferner ist auch die alte berühmte, aus dem sechzehnten Jahrhundert stammende Gelehrtenschule zu erwähnen, die sich heute noch des besten Rufes erfreut. Im Pastorate Meldorfs wurde der Reformator Heinrich von Zütphen gefangen genommen, um nach Heide gebracht und daselbst als Märtyrer verbrannt zu werden. Heinrich Christoph Boje, der bekannte Hainbunddichter, ist

Bischof von Bremen, Willehad, soll sie um 780 begründet haben. Dann befindet sich in Meldorf noch der aus Lehe bei Lunden hierher gebrachte Pesel des ersten ditmarschen Landvogts Markus Swyn, mit wundervollen Schnitzereien und herrlichen Möbelstücken.

in Meldorf geboren, und der weitberühmte Reisende Karsten Niebuhr, der Vater des Historikers, hat hier gelebt.

Südwestlich von Meldorf, mitten im fetten Marschlande, an der Zweigbahn St. Michaelisdonn-Friedrichskoog liegt das

Abb. 112. Der Dom in Bremen (links das Rathaus, rechts die Börse).
(Nach einer Photographie von Louis Koch in Bremen.)

große Kirchdorf, resp. der Flecken Marne (2600 Einwohner), der bedeutenden Kornhandel treibt, für welchen der Neudorfer Hafen an der Elbe, südlich von Marne, von Bedeutung ist. Zwei große Männer des Landes sind hier zur Welt gekommen, der Germanist Karl Müllenhoff in Marne selbst, und im ganz nahebei belegenen Fahrstedt der Theologe Klaus Harms, weiland Propst in Kiel und ein weithin bekannter Kanzelredner und Menschenfreund.

Brunsbüttel mit Brunsbüttlerhafen war bis vor wenigen Jahren ein kleiner für die Kornausfuhr wichtiger Hafenort an der Elbe, der mehr als einmal in verflossenen Jahrhunderten durch die Wasserfluten zu leiden gehabt hat. Im Jahre 1676 war der ganze Flecken mitsamt der Kirche davon zu Grunde gerichtet worden. Durch die Einmündung des Kaiser Wilhelm-Kanals in die Elbe nahe beim Orte hat Brunsbüttel nunmehr erhöhte Bedeutung gewonnen. Gewaltige Schleusenanlagen bezeichnen den Anfang dieser 98,65 Kilometer langen, durchschnittlich etwa neun Meter tiefen Wasserstraße, die mit zwei großen weit in die Elbe bis zur Fahrwassertiefe hinausgebauten Molen beginnt. Die Schleusenhäupter selbst liegen 250 Meter hinter der Deichlinie zurück, so daß dadurch ein geräumiger, nach innen trichterförmig verlaufender Vorhafen geschaffen worden ist. Um den Wasserstand im Kanal regulieren zu können und denselben von den Einflüssen der durch Ebbe und Flut hervorgerufenen Schwankungen des Wasserstandes der Elbe unabhängig zu machen — bei Brunsbüttel beträgt der Unterschied zwischen mittlerem Niedrig- und mittlerem Hochwasser 2,8 Meter —, sind große Schleusen mit zwei nebeneinander liegenden Schleusenkammern von 150 Meter nutzbarer Länge und 25 Meter Breite erbaut,

deren eiserne Thore durch hydraulische Maschinen bewegt werden. Da, wo bei Grünenthal die westholsteinische Bahn Neumünster-Heide die Kanallinie überquert, spannt sich eine großartige eiserne Bogenbrücke von 156,5 Meter Stützweite, deren Unterkante 42 Meter hoch über dem mittleren Kanalwasserspiegel liegt, über diese ebengenannte Wasserstraße, mit ihrer Schwester bei Levensau, welche zur Überführung der Bahn Kiel-Eckernförde-Flensburg über den Kanal dient, wahre Wunder der Brückenbaukunst. Neben der eminenten strategischen Bedeutung des Kanals besitzt derselbe eine kaum minder große für die Handelsflotte. Der Verkehr der Handelsschiffe auf demselben nimmt seit den fünf Jahren seiner Eröffnung ständig zu und diese Wasserstraße trägt ungemein viel zur Förderung des sich mehr und mehr entwickelnden Schleppschiffverkehrs aus der

Abb. 113. Das Essighaus in Bremen.
(Nach einer Photographie von Louis Koch in Bremen.)

Nord- in die Ostsee und umgekehrt bei (Abb. 41—45).

Etwas südöstlich von Brunsbüttel liegt St. Margareten. Von hier aus wird in einer knappen halben Stunde das Dorf Büttel mit der bekannten Elblotsenstation der „Bösch" erreicht. Besteigen wir in St. Margareten wieder den Bahnzug, so erscheint bald nach Eddelak und dem flachen Kudensee die kleine in der Anlage und Bauart ihrer Häuser an Holland gemah-

daß derselbe jetzt unter dem Wasserspiegel der Elbe liegt. In den Häusern der Wilstermarsch läßt sich holländischer Einfluß nachweisen; dieselben nehmen insbesondere noch unser Interesse dadurch in Anspruch, als der Rokokostil Eingang darin gefunden hat, ohne jedoch die bäuerliche Behaglichkeit zu beeinträchtigen. Die übrigen Elbmarschen Schleswig-Holsteins weisen echte Sachsenhäuser auf, sogar die schönsten und reichsten in den Marschlanden überhaupt.

Abb. 114. Der Markt in Bremen.
(Nach einer Photographie von Louis Koch in Bremen.)

nende Stadt Wilster (ca. 2750 Einwohner) in der Wilstermarsch. Charakteristisch für diese Landschaften sind die zahlreichen Windmühlen, welche angelegt wurden, um das von der Geest zur Marsch herniederströmende Wasser mittels Schnecken aus den Laufgräben in die Abzugskanäle zu heben. Der größte Teil der Wilstermarsch liegt nämlich auf Moorgrund, und durch die fortschreitende Entwässerung und Trockenlegung dieses letzteren senkte sich allmählich der darüber liegende Marschboden, und zwar so tief,

Wir werfen noch einen kurzen Blick auf das kleine in blauer Ferne auf hohem Geestrande thronende Burg und eilen dann weiter nach Itzehoe (Abb. 46). Ein buntes und bewegtes Bild heiteren Wallensteinischen Lagerlebens wird sich bei Nennung dieses Namens vor dem geistigen Auge unserer Leser anrollen.

Ihr kennt ihn alle aus dem „Wallenstein",
Den langen Peter aus Itzehö,
Zwar wird' er schwerlich unser Landsmann sein,
Wenn nicht der schöne Reim wär' auf „Mußjö"

(Bartels.)

Abb. 115. Bremer Typen.

Und dem langen Peter mag es Itzehoe wohl zu verdanken haben, wenn es in den Landen deutscher Zunge die bestbekannte Stadt an der Westseite Schleswig-Holsteins ist. In anmutiger Lage am schiffbaren Störfluß erbaut, zählt das gewerbe- und industriereiche Itzehoe (Cement- und Zuckerfabriken ꝛc.), in der Gegenwart etwa 12500 Seelen. In früherer Zeit nahm die Stadt als der Versammlungsort der holsteinischen Stände eine besonders wichtige Stellung ein, doch hat sie dadurch, daß dies nunmehr aufgehört hat, nicht verloren, sondern ist in stetigem Aufblühen begriffen. Durch das Villenviertel hindurch führt ein schöner Spazierweg an Amönenhöhe vorbei, längs der windungsreichen Stör nach dem Schlosse Breitenburg, das von Johann von Rantzau, dem Statthalter der Herzogtümer und dem Besieger der Ditmarschen in der letzten Fehde (1559), erbaut worden ist. Hier hat sich in den Septembertagen 1627 eine Episode abgespielt, die wohl wert ist, in einigen Worten an dieser Stelle erwähnt zu werden. Damals war Breitenburg eine von starken Mauern umgebene, durch Türme und Bastionen geschützte und vom Störfluß umspülte Feste,

iu welcher der in dänischen Kriegsdiensten befindliche schottische Major Dumbarre mit vier Compagnien Schotten und einigem deutschen Fußvolk lag, im ganzen wohl nicht viel mehr als 600 Mann. Außerdem hatten aber die Landleute der Umgebung ihre Familien und ihren wertvolleren Besitz nach Breitenburg geflüchtet. Vor der Feste erschien nun Wallenstein mit seinen Scharen und versuchte bereits am 17. September den ersten Sturmlauf auf Breitenburg, der abgeschlagen wurde. Alsdann begann eine regelmäßige vom Friedländer selbst geleitete Belagerung, die elf Tage später zur Übergabe Breitenburgs führte, nachdem inzwischen Dumbarre getötet worden war. Alle noch am Leben befindlichen Verteidiger des Schlosses wurden von den erbarmungslosen Feinden niedergemacht, nur wenige Frauen und Kinder blieben verschont. Die ergrimmten Sieger sollen der Leiche Dumbarres das Herz aus dem Leib gerissen und in den Mund gesteckt haben. Damals wurde auch Breitenburgs Stolz, die berühmte Bibliothek des Humanisten Heinrich Rantzau, des Sohnes des Erbauers von Breitenburg, verschleppt

Abb. 116. Das Museum für Natur-, Völker- und Handelskunde in Bremen.
(Nach einer Photographie von Louis Koch in Bremen.)

und teilweise vernichtet. Wallenstein hatte
dieselbe dem Beichtvater Ferdinands II.,
dem Pater Lamormain, zum Geschenk gemacht und nach Leitmeritz schaffen lassen.

Vom alten Breitenburg steht noch die
Schloßkapelle, als Sehenswürdigkeit das
einzige Stück des alten Schlosses, sonst
erinnert nichts mehr, auch in der ganzen
friedlichen Umgebung nicht, an die Greuel
des Septembers 1627, mit Ausnahme eines
ehrwürdigen Eichbaumes, der Wallenstein-
eiche.

Etwas südöstlich von Itzehoe, bei Lägerdorf, tritt die senone Kreide zu Tage und
wird daselbst in großartigem Maßstabe
ausgebeutet, um teils dort, teils in Itzehoe
unter Zusatz von tertiärem Thon, der bei
dieser letzteren Stadt und in deren Umgebung gefunden wird, zu Cement verarbeitet zu werden. Nordöstlich von Itzehoe
befindet sich das Lockstedter Lager, ein
riesiger Truppenübungs- und Schießplatz,
auf welchem sich das ganze Frühjahr und
den Sommer hindurch reges militärisches
Leben entfaltet. Lockstedt ist eine der
Zwischenstationen auf der Bahnlinie Itzehoe-
Wrist, die auch das kleine freundliche
Städtchen Kellinghusen berührt.

Mitten im kornreichen Marschgebiete
gleichen Namens liegt Holsteins kleinste
Stadt, das alte Krempe. Die Gründung
Glückstadts hat ihm viel Schaden gethan,
denn bis dahin war es der Stapelplatz
der Landschaft für den Kornhandel gewesen
und soll auch keine geringe Schiffahrt be-
sessen haben, bevor die Kremper Aue ver-
schlammte. Als Festung genoß Krempe
eines bedeutenden Rufes und ist durch die
lange und schwere Belagerung von seiten
der Kaiserlichen, die es im Jahre 1627
durchzumachen hatte, in der Geschichte des
dreißigjährigen Krieges bekannt geworden.
Später sank Krempe zum Range einer
kleinen, nicht vermögenden Landstadt herab,
und der Spruch: „Ein Herr von Glückstadt,
ein Bürger von Itzehoe, ein Mann von
Wilster und ein Kerl von Krempe" war für
die Vergangenheit charakteristisch.

Auch Glückstadt ist vormals eine starke
Festung gewesen. Von dem Dänenkönig
Christian IV. in der Absicht gegründet,
dem Handel des emporblühenden Hamburgs erfolgreich die Spitze zu bieten, und
zu diesem Zwecke mit weitgehenden Privi-

legien ausgestattet, hat es mit der Zeit die
Hoffnungen seines Erbauers aber nicht zu
erfüllen vermocht. Doch ist es in der
Gegenwart eine aufstrebende Landstadt mit
gutem Hafen, dessen Verkehr durch die in
den jüngsten Jahren hier aufgekommene
Heringsfischerei sicherlich gehoben werden
wird. Die etwa von 6000 Menschen bewohnte Stadt hat ein Gymnasium, und
die Korrektionsanstalt der Provinz befindet
sich in ihren Mauern.

Lebhaften Handel und Industrie besitzt
das an 10000 Einwohner zählende Elmshorn an der Krückau, am Rande von Geest
und Marsch (Abb. 47). Nahebei, zwischen
Elmshorn und dem kleinen Tornesch hat der
preußische Fiskus vor 25 Jahren auf Stein-
kohlen gebohrt, aber vergeblich. Das Bohr-
loch an der Lieth hatte mehrere Jahre über
die Ehre, das tiefste der Erde (1330 Meter)
zu sein, bis dasselbe von demjenigen zu
Schladebach überflügelt worden ist.

Ütersen an der schiffbaren Pinnau, am
Rande der Haseldorfer Marsch belegen, ist
ein nicht unbedeutender Industrieort von
über 5300 Einwohnern, hat seit 1870
Stadtrecht und steht vermittelst einer Pferdebahn mit der eben erwähnten Station Tornesch der schleswig-holsteinischen Hauptbahn-
linie in Verbindung. Das ehemalige, dem
Cistercienserorden angehörige Nonnenkloster
ist in der Gegenwart ein Stift für die
Töchter der Ritterschaft des Landes geworden. Im Jahre 1412 soll eine Sturmflut Ütersen so sehr mitgenommen haben,
daß die Klosterjungfrauen bettelnd ihre
Nahrung in der Umgegend suchen mußten.

Pinneberg an der schon erwähnten, bis
dahin schiffbaren Pinnau (3800 Einwohner)
war lange Zeit hindurch der Sitz einer
eigenen Linie der Schauenburger Grafen.
Es ist mit seinen herrlichen Buchenwaldungen
ein beliebter Ausflugsort der Hamburger
Bevölkerung. In historischer Beziehung ist
es bekannt durch die Belagerung durch
Tilly im Jahre 1627, der hier verwundet
wurde, und dann hat es den Ruhm, den
bekannten schleswig-holsteinischen Geologen
Dr. Ludwig Meyn hervorgebracht zu haben.
Das Gebiet zwischen Pinnau und Krückau
pflegt man auch nach dem alten Kirchdorfe
Seestermühe die Seestermüher Marsch zu
nennen, an die sich dann südlich die eigentliche Haseldorfer Marsch anschließt. Auf

Abb. 117. Geestemünde.

den geräumigen Vorlanden der letzteren, zwischen dem Deich und dem Elbstrom gedeiht die Korbweide in großer Zahl und wird als Material für Tonnen- und Faßbänder benützt. Dessen Zurichtung, das „Baudreißen", gewährt zahlreichen Bewohnern der dortigen Gegenden lohnenden Erwerb. Auch das Rohrschilf (Phragmitis communis) wird dort gezogen und verwertet.

Am schönen Haseldorfer Schloß, einem alten prächtigen Herrensitze vorbei gelangen wir nach dem etwa 2000 Einwohner zählenden Städtchen Wedel an der Wedelau, der zweitkleinsten Stadt Holsteins. Hier war in alten Zeiten eine bedeutende Fähre über die Elbe, und Wedels große Ochsenmärkte hatten eine ganz außerordentliche Bedeutung. Auf dem Marktplatz steht eine alte Rolandssäule, um deren Restaurierung sich der Stifter des Elbschwanenordens Johann Rist, der als Prediger zu Wedel geamtet hat, Verdienste erwarb. Eine eigene Bahnlinie verbindet Wedel über das an hohem Geestrücken malerisch an den Ufern der Elbe gelegenen Blankenese mit den Städten Hamburg-Altona, die wir im folgenden kennen lernen wollen.

XI.

Hamburg-Altona.

Das Areal des Freistaates Hamburg mit der dazu gehörigen, 256 Hektare großen Elbfläche, beträgt 414,97 Quadratkilometer und wird von insgesamt 681632 Seelen bewohnt (Volkszählung vom 2. Dezember 1895. Die Einwohnerzahl Hamburgs am 1. Dezember 1890 betrug dagegen 622530 Menschen). Danach kommen auf ein Quadratkilometer Landfläche 1642,61 Einwohner.

An den Mündungen der Alster und der Bille in den Elbstrom ist die Stadt Hamburg erbaut. Die erstere, deren beide seenartigen Erweiterungen, die Große oder Außenalster und die Kleine oder Binnenalster, dem Städtebild Hamburgs besondere Reize verleiht, kommt aus der Gegend von Poppenbüttel in Holstein und trägt durch ihre starke Strömung nicht wenig zum Schutze des Hamburger Hafens vor Versandung bei, während die Bille, im Amte Steinhorst entspringend, bis nahe an ihre Mündung die Südostgrenze des eben genannten Herzogtums bildet, um im letzten Teil ihres Laufes auf Hamburger Gebiet überzutreten. Die Elbe selbst durchschneidet mit zahlreichen Armen das Marschgebiet der Stadt.

Die älteste Anlage Hamburgs befand sich nämlich auf der schmalen Geestzunge, welche die Elbe von der Alster trennt. Zwischen dem ersteren Strom und der Stadt lag eine erst später eingedeichte Marschfläche, welche im Verlaufe der Zeiten dann bebaut wurde, deren tiefer belegenen Teile aber bis in die letzten Jahre hinein bei den Sturmfluten und bei starkem Hochwasser der Überschwemmung ausgesetzt waren. Nicht mit Unrecht ist darum von einem sachkundigen Manne behauptet worden, daß nicht die Nähe einer zum Weltmeer führenden großen Wasserstraße die Gründung der Stadt Hamburg bedingt habe, sondern daß der günstige Baugrund darbietende Geestrücken, der hier erleichterte Elbübergang und das große Wasserbecken der Alster (Abb. 48 u. 49) wohl die hauptsächlichsten Ursachen dafür gewesen seien.

Nordwärts von der Stadt breitet sich ein wellenförmiges, vom Alsterthale durchschnittenes Gelände aus, die Geestlande, längs des Elbstromes dagegen fette Marschlande. In treffender Weise hat man diese Wasserstraße die Pulsader von Hamburgs Leben und Weben genannt. 135 Kilometer unterhalb der Stadt ergießt sich dieselbe in die Nordsee, welche die regelmäßigen Tagesschwankungen ihres Wasserspiegels bis nach Hamburg hinauf fortpflanzt. Von Hamburg abwärts hat die Elbe eine so bedeutende, nur hin und wieder durch Sandplatten unterbrochene Tiefe, daß Segler oder Dampfer vom größten Tiefgange bis an die Stadt herankommen können, und durch kostspielige Baggerarbeiten wird die Fahrrinne des Stromes stets offen gehalten. An der Ostseite, am Deichthor, tritt ein schmaler Elbarm in die Stadt ein und teilt sich hier in mehrere Kanäle, die sogenannten Fleete, um sich weiter unten, im Binnenhafen, wiederum mit dem Hauptstrom zu vereinigen. Diese Fleete schlängeln sich auf der Hinterseite der Häuser durch die innere Stadt, wo die großen Speicher und Magazine sich befinden, und werden mit Booten befahren, welche die eingegangenen Waren,

Abb. 118. Bremerhaven, vom Leuchtturm geschen.

Abb. 119. Das Schloß in Oldenburg.

die Erzeugnisse aller Zonen des Erdenrundes, aus dem Hafen holen und die zur Ausfuhr bestimmten Produkte deutscher Arbeit nach dem Hafen zum Verladen auf die Schiffe führen. Auch die Alster spaltet sich innerhalb des Weichbildes Hamburgs in mehrere Fleete, die zur Zeit der niedrigsten Ebbe allerdings halb trocken liegen, da das Wasser des erwähnten Flusses zu ihrer Speisung nicht ausreicht, dagegen bei eintretender Flut rasch von den aufsteigenden Fluten der Elbe gefüllt werden (Abb. 50 bis 58).

„Für den Verkehr auf der Elbe selbst," sagt Hahn, „ist Hamburg ein weit wichtigerer Grenzort zwischen Fluß- und Seeschiffahrt, als Bremen dies für die Weser ist. Die Elbe ist der Weser gegenüber fast in allen Beziehungen im Vorteil. Die Weserschiffahrt reicht kaum bis in das nördliche Hessen, die Elbe dagegen beherrscht mit ihren Nebenflüssen noch einen ansehnlichen Teil von Sachsen und Böhmen. Sie steht mit Oder und Weichsel durch die märkischen Kanallinien in Verbindung, während die Weser nur auf sich selbst angewiesen ist. Ist auch die Elbe, wie alle deutschen Flüsse, vom Ideal einer Wasserstraße ziemlich weit entfernt, so fehlen ihr doch so auffällige Schiffahrtshindernisse, wie sie an der Weser zwischen Minden und Karlshafen, namentlich bei Hameln vorkommen."

Während im Verlaufe der Zeit die Süderelbe immer mehr dem Schicksal der Verlandung anheimgefallen ist, nahm die Norderelbe zusehends an Bedeutung zu. An ihren Ufern entstanden die ersten Hafenanlagen, Kaimauern wurden gebaut, Pfahlreihen in das Flußbett geschlagen, und es entwickelte sich hier der Hafen- und Liegeplatz der Schiffe. Bis zur Mitte des neunzehnten Jahrhunderts dauerte dieser Zustand an. Immerhin war dadurch der ganze Hafenverkehr ein noch recht primitiver, zumal besondere Lösch- und Ladevorrichtungen fehlten und die Waren aus den Seeschiffen vermittelst der Schuten und Leichter nach den Lagerschuppen übergeführt wurden. Als aber bei der stetig zunehmenden Entwickelung der Seeschiffahrt diese Übelstände und besonders der Platzmangel sich recht merklich fühlbar machten, ging man an das Errichten von Dockhäfen und Kaianlagen mit genügender Wassertiefe, an denen die großen Fahrzeuge direkt anlegen konnten und in die Lage versetzt wurden, mit Hilfe mächtiger Kranen Löschen und Laden rasch und bequem zu bewerkstelligen. Die langen Kaistrecken wurden mit Schienengeleisen versehen und dadurch die Hafenbauten in direkte Verbindung mit den inzwischen ebenfalls entstandenen Bahnhöfen und Eisenbahnlinien gebracht.

Auch diese eben geschilderten Hafenanlagen genügten dem gewaltig emporwachsenden Bedürfnis des Verkehrs nicht mehr, und der am 15. Oktober 1888 vollzogene Zollanschluß Hamburgs mit Altona und Wandsbek an das Reich bedingte vollends gänzlich veränderte Hafenverhältnisse in diesem ersten Seehandelsplatz Deutschlands.

Die Folge dieser Umstände war eine gründliche Umwälzung der Hafenbauten Hamburgs, und es entstand das Freihafengebiet, das von 1883—1888 mit einem Kostenaufwand von über 120 Millionen Mark, von welchen das Reich 40 Millionen zu tragen hatte, geschaffen wurde. Ein ganzer Stadtteil des alten Hamburgs ist niedergerissen worden, um den neuen Hafen anlagen Platz zu machen, etwa 20 000 Ein wohner mußten anderswo untergebracht und an 1000 Häuser expropriiert werden. Durch dieses großartige Unternehmen wurde die Stadt mit ihrer ganzen Bevölkerung und ihren sämtlichen Verkehrsanlagen in das Zollinland mit eingeschlossen, ohne daß aber die freie Bewegung des Schiffsverkehrs und des großen Warenhandels dadurch preisgegeben worden ist. Auch für die Lagerung und gewerbliche Verarbeitung der dem Ausland entstammenden Rohmaterialien wurde im Freibezirk genügender Raum vorgesehen, so daß auch fernerhin die Exportindustrie ohne jede Zollkontrolle ermöglicht ist. Der Zollkanal und schwimmende Schranken im Elbstrom grenzen das Freihafengebiet gegen die Stadt hin ab; es erstreckt sich 5 Kilometer in die Länge und 2 Kilometer in die Breite und umfaßt etwa 300 Hektar Wasserfläche und 700 Hektar Land.

Und schon wieder sind abermals große Erweiterungen der Hafenanlagen Hamburgs ins Auge gefaßt worden, welche bereits die Genehmigung der maßgebenden Behörden erlangt haben und wohl in den nächsten Jahren der Verwirklichung entgegensehen werden. Das kann uns aber bei dem enormen Aufschwung, den Hamburgs Handel während der jüngstverflossenen Jahre genommen hat, nicht wundern. Einige Zahlen mögen das belegen:

Im Jahre 1897 sind — nach den Aufzeichnungen des statistischen Büreaus in Hamburg — im dortigen Hafen eingelaufen: 11 173 Seeschiffe mit insgesamt 6 708 070 Registertonnen Rauminhalt. Davon waren 3336 Segler mit 672 374 Registertonnen und 7837 Dampfer mit 6 035 696 Registertonnen.

Aus dem Hamburger Hafen sind während derselben Zeit ausgelaufen: 11 293 Seeschiffe mit 6 851 987 Registertonnen, und zwar 3367 Segler mit 698 303 Registertonnen und 7926 Dampfer mit 6 153 684 Registertonnen.

Nach der vom Deutschen Reich herausgegebenen Statistik wies Hamburgs Seeverkehr im Jahre 1898 insgesamt folgende Zahlen auf — (die angekommenen und abgegangenen Schiffe zusammengezählt, und davon die Hälfte): 11 163 Schiffe mit 7 273 778 Registertonnen (netto).

In den zum Gebiet der freien Hansestadt Hamburg gehörigen Häfen waren am 1. Januar 1897 beheimatet:

Segler 430	mit 205 842	Registertonn. br.
Dampfer 388	„ 764 146	„ „
Summa 818	Schiffe mit 969 988	Registertonn. br.

Davon gehören dem Hamburger Hafen besonders:

Segler 275	mit 200 276	Registertonn. br.
Dampfer 387	„ 763 923	„ „
Summa 662	Schiffe mit 964 199	Registertonn. br.

Abb. 120. Rathaus in Oldenburg.

Im Jahre 1900 besitzt Hamburg 690 Schiffe mit 767 168 Registertonnen netto, davon 392 Dampfschiffe mit 542 200 Registertonnen.

Hamburg hat die größte Seglerflotte Deutschlands, sowohl was die Zahl, als auch was den Rauminhalt der Schiffe betrifft, und ebenso ist seine Dampferflotte derjenigen der übrigen deutschen Seehäfen weit voran, indem sie mehr als die Hälfte des gesamten Dampferraumgehalts aller deutschen Küstenstaaten ihr eigen nennt. Im Jahre 1897 zählte Hamburg sieben Schiffe von mehr als 6000 Registertonnen zu seinem Flottenbestand. Innerhalb der letzten 50 Jahre hat sich der Schiffsbestand Hamburgs an Zahl der Schiffe fast auf das Dreifache und an Raumgehalt der Schiffe fast auf das Fünfzehnfache vermehrt.

Einige wenige Angaben über die Größe der deutschen Kauffarteiflotte überhaupt, mögen hier wohl am Platze sein. Dieselbe nimmt unter den Handelsflotten der Erde jetzt den zweiten Platz ein und dürfte etwa 750 Millionen Mark Wert besitzen. Die Reichsstatistik vom 1. Januar 1897 ergibt an registrierten Fahrzeugen von mehr als 50 Kubikmeter Bruttoraumgehalt:

3678 Schiffe mit einem Gesamtraumgehalt von 2 059 948 Registertonnen brutto und 1 487 577 Registertonnen netto.

Davon waren:

2552 Segler mit 632 030 Registertonnen brutto und 1126 Dampfer mit 1 427 918 Registertonnen brutto.

Der Löwenanteil dieser Flotte fällt, wie wir weiter oben schon gesehen haben, Hamburg zu. Ein Vergleich dieses seines Schiffsbestandes mit demjenigen der in dieser Beziehung drei nächstfolgenden deutschen Seehäfen ist von großem Interesse:

Hafen	Segelschiffe	Rauminhalt, Reg.-Tonnen, brutto	Dampfschiffe	Rauminhalt, Reg.-Tonnen, brutto	Schiffe insgesamt	Rauminhalt, insgesamt Reg.-Tonnen, brutto
Hamburg	275	200 276	387	763 983	662	964 259
Bremen	177	161 845	170	334 668	347	496 513
Bremerhaven	30	37 036	48	34 404	78	71 440
Flensburg	8	1432	61	57 572	69	59 004

Im Jahre 1897 betrug das Gewicht der Gesamteinfuhr im Hamburger Hafen 122 598 236 Doppelcentner und dasjenige

Abb. 121. Der Stau in Oldenburg.

Abb. 122. Die Lambertikirche in Oldenburg.

der Gesamtausfuhr 79 451 087 Doppel-centner. Die Gesamteinfuhr und -Ausfuhr betrugen also 202 043 323 Doppelcentner.

1851 hatte sie 15 279 249 Doppel-centner betragen, sie hat sich demnach seit dieser Zeit um das Dreizehnfache ver-mehrt.

Der Wert der Gesamteinfuhr im Ham-burger Hafen war im Jahre 1897 = 3 026 582 308 Mark, und zwar verteilte sich derselbe auf die Hauptwarengruppen, wie folgt:

Verzehrungsgegenstände . . . 36,4%
Bau- und Brennmaterial . . . 2,0 „
Rohstoffe und Halbfabrikate . 52,0 „
Manufakturwaren . . . . 3,4 „
Kunst- und Industriegegenstände . 6,2 „
                          100%

Der Wert der Gesamtausfuhr war = 2 693 445 570 Mark, der Gesamtwert der Ein- und Ausfuhr zusammen betrug 1897 im Hamburger Hafen also:

5 720 027 878 Mark,

gegen 920 166 156 Mark im Jahre 1851, so daß sich derselbe seither also versechs-facht hat.

Wichtige Handelsartikel sind Kaffee, Zucker, Spiritus, Farbstoffe, Wein, Eisen, Getreide, Butter, Häute, Galanteriewaren, letztere fünf besonders in der Ausfuhr, und Kohlen (1897 Einfuhr von etwa 21,5 Millionen Doppelcentner von England und 9,7 Millionen Doppelcentner deutsche Kohlen). Von den bedeutenderen Industrie-zweigen Hamburgs selbst nennen wir Dampfzuckersiedereien, Wachsbleichen, Ci-garren- und Tabakfabriken, Chemikalien, Lederwaren, Maschinen, Stöcke, Musik-instrumente, Schiffsbau (Blohm und Voß, Reiherstiegwerft) und die dazu gehörigen Gegenstände wie Ankertaue, Seile, Segel-tuch, Anker u. s. f., Branntweinbrennereien, Eisengießereien, Maschinenfabriken, Manu-fakturen für Kautschuk- und Guttapercha-waren, Seifen- und Leimsiedereien, Kon-servenfabriken u. s. f.

Weltberühmt sind Hamburgs Reedereien, in erster Linie die über eine Gesamt-tonnage von 541 083 Registertonnen brutto verfügende im Jahre 1847 gegründete Hamburg-Amerikanische-Packetfahrt-Aktien-Gesellschaft, die größte Reederei der Erde. Weitere Schiffe von 116 300 Registertonnen Rauminhalt hat die Gesellschaft z. Z. im Bau. Vergessen wollen wir hier nicht die den Schiffsverkehr zwischen Hamburg und verschiedenen Küsten= und Inselorten vermittelnde Nordseelinie, deren bequem und luxuriös eingerichtete Dampfer für die Reisenden in die Nordseebäder besonders in Betracht kommen (Abb. 59).

Daß Hamburg einer der wichtigsten Auswanderungshäfen Deutschlands ist, das ist ja bekannt, und wenn in den letzten Jahren die Auswanderung aus Deutschland auch erheblich zurückgegangen ist, so dürfte das bei der jährlichen Bevölkerungsvermehrung im Reiche doch nicht lange anhalten, und ein Wiederanwachsen des Auswanderungstriebes wird wohl bald wieder bemerkbar werden.

Der Freistaat Hamburg wird regiert vom Senat und der Bürgerschaft als gesetzgebenden Faktoren, und vom Senat als der vollziehenden Gewalt. Die Verwaltung geschieht durch die sogenannten Deputationen oder Kollegien, deren jede von einem Senator geleitet wird; die Militärhoheit übt Preußen aus. Die vorwiegende Konfession ist die protestantische, etwa 24000 Seelen der Bevölkerung bekennen sich zur römisch=katholischen Kirche, und ungefähr 18000 gehören der israelitischen Religion an. Der Rest verteilt sich auf andere Glaubensgemeinschaften. Durch ein Oberlandesgericht, ein Landgericht und verschiedene Amtsgerichte ist für die Rechtspflege gesorgt, sehr gut ist das Unterrichtswesen eingerichtet. Hervorragend ist die Rolle, die Hamburg in der Entwickelung der deutschen Litteratur und Kunst gespielt hat. Wem fielen da nicht die Namen Schröder, Lessing, Klopstock, Matthias Claudius, die Neuberin und noch andere mehr ein?

Auch Heinrich Heine gehört so etwas zu Hamburg, wenn er auch sonst nicht recht gut auf die alte Hansestadt zu sprechen war.

Ihr Wolken droben, nehmt mich mit,
Gleichviel nach welchem fernen Ort!
Nach Lappland oder Afrika,
Und sei's nach Pommern — fort! nur fort!

singt er einmal in jungen Tagen, von der Sehnsucht ergriffen, aus dieser Stadt „des faulen Schellfischseelendufts" herauszukommen.

Vor mehr als zweihundert Jahren fand

die erste deutsche Opernbühne ihr Heim in Hamburg, und der Sinn für das Musikdrama und das Singspiel hat sich in seinen Mauern seither nicht vermindert. Manches Meisterwerk dieser Gattung, das nachher seinen Triumphzug durch die weite Welt gehalten hat, erblickte hier zuerst das Licht der Lampen; wir erinnern nur an Flotows Alessandro Stradella, dessen erste Aufführung am Weihnachtstage 1844 in Hamburgs Theater erfolgte, und an den am 15. April 1845 hier begonnenen Siegeslauf von Lortzings Undine.

Hamburgs Bevölkerung ist äußerst intelligent und besitzt einen ausgesprochenen Zug für die praktischen Seiten des Lebens, ohne daß aber das Geistige nicht auch seine Rechnung dabei fände. Diese praktische Veranlagung, verbunden mit einem hohen Maße von Energie bildet einen der bezeichnendsten Charakterzüge des Hamburger Kaufmanns. Rasch und bestimmt wird alles abgewickelt, denn Zeit ist Geld. Dabei zeigt der wohlhabende Hamburger eine ausgeprägte Vorliebe für ein wohlgepflegtes Äußeres und schätzt die Genauigkeit und Pünktlichkeit nicht nur im geschäftlichen, sondern auch ebensosehr im gesellschaftlichen Leben. Letzteres ist in vielen Dingen nach englischem Muster zugeschnitten.

Harte und herbe Urteile sind bisweilen über die Hamburger gefällt worden, Pfeffer= und Kaffeesäcke hat man sie gescholten, indem man ihnen dabei jede tiefergehende Neigung für des Lebens idealere Güter von vornherein absprach. Aber das ist alles nicht wahr. Hochentwickelter Gemeinsinn, gepaart mit einem großen Wohlthätigkeitstrieb, gehört mit zu den allerbesten Eigenschaften des Hamburger Bürgers. Nicht nur die zahlreichen Anstalten und milden Stiftungen für Waisen, Arme, Kranke und die von den Schlägen des Schicksals hart Betroffenen zeugen öffentlich für diesen Hang des Hamburgers zum Wohlthun, sondern in noch viel höherem Maße ist das mit jenen thätlichen Äußerungen der Nächstenliebe der Fall, von denen die Allgemeinheit nur wenig bemerkt, und die zu jener Art von Handlungen gehören, welche die linke Hand nicht wissen lassen, was die rechte thut.

Hamburgs Gründung fällt in Karls des Großen Zeit, welcher hier eine Kirche und eine Burg errichtete. Unter Ludwig dem

Frommen wurde der Ort der Sitz eines nordischen Metropoliten, den zuerst der berühmte Mönch von Corvey, Ansgar, der Apostel des Nordens, innegehabt hat. Von hier aus nahm das Christentum seinen Weg in die mitternächtigen Länder. Unter den holsteinischen Grafen wuchs Hamburgs Bedeutung, die nach Bardowieks Zerstörung durch Heinrich den Löwen noch mehr zunahm. Schon um 1255 besaß die Stadt ein eigenes Stadtrecht, seit 1255 die Münzgerechtigkeit, und im vierzehnten und fünfzehnten Jahrhundert sehen wir sie als ein

Reichstage berufen worden war. Günstig beeinflußt wurde die Entwickelung Hamburgs durch die Entdeckung Amerikas und des Seewegs nach Ostindien. Dagegen hatte es durch die jahrhundertelang fortgesetzten Angriffe Dänemarks, des Erben der schauenburgischen Hoheitsrechte, auf ihre städtische Selbständigkeit nicht wenig zu leiden. Erst im Vergleich von 1768 wurde die Unabhängigkeit Hamburgs vom Gesamthause Holstein dauernd festgestellt. Fast gar nicht berührt wurde die Stadt von den Schrecken des dreißigjährigen Krieges trotz des viel-

Abb. 123. Wilhelmshaven. Kriegshafen und Hauptschleuse.
(Nach einer Photographie von Römmler & Jonas in Dresden.)

starkes Glied des mächtigen Hansabundes, an dessen wichtigen Unternehmungen sie lebhaften Anteil genommen hat. Seine sich immer vergrößernde Geldmacht und seine kluge Politik gewannen Hamburg den Schutz des deutschen Reiches, und neben der einsichtigen Benutzung von Handelsvorteilen aller Art, welche Örtlichkeit und die Verhältnisse darboten, dachte seine strebsame Bürgerschaft, besonders seit dem fünfzehnten Jahrhundert an den Ausbau ihres Staatsorganismus.

Kaiser Maximilian nahm die Stadt um 1510 in die Reihe der Reichsstädte auf, nachdem sie bereits seit 1470 zum

sachen Vorbeiziehens von allerhand Kriegsvölkern in der Nähe ihrer Mauern. Doch geriet Hamburg über den Zoll mit Christian IV. in Streitigkeiten, die zu einem Kampf zwischen hamburgischen und dänischen Schiffen auf der Elbe führten, jedoch 1643 durch Entrichtung einer Abfindungssumme an Dänemark zum Abschluß gebracht wurden. Als nun am Ende des siebzehnten Jahrhunderts viele Flüchtlinge aus Frankreich sich in der Stadt ansiedelten und Großhandel betrieben, erhöhte sich der blühende Zustand von Handel und Schiffahrt immer mehr, und neue kommerzielle Verbindungen kamen zu stande. Allerlei

Mißhelligkeiten und Zwietracht zwischen dem Rat und der Bürgerschaft, dann ferner noch Fehden und Streit mit dem Herzog von Braunschweig-Lüneburg, mit den dänischen Königen und noch anderen mehr hatten eine Zeit des Rückganges zur Folge, die jedoch mit dem zwischen Holstein und Hamburg zu Gottorp am 27. Mai 1768 abgeschlossenen Vertrage einer neuen Periode des Aufschwungs weichen mußte. Hamburg erhielt unbeschränkte Handelsfreiheit, König Christian VII. von Dänemark erkannte dessen Reichsunmittelbarkeit an, die Grenzstreitigkeiten hörten auf, und so konnte der Schluß des achtzehnten Jahrhunderts noch eine große Anzahl zweckmäßiger Anordnungen und Einrichtungen zur gedeihlichen Fortbildung des Handels und der Erwerbszweige registrieren. Die politischen Stürme und Umwälzungen, denen in den letzten Jahren des achtzehnten und in den ersten des neunzehnten Säkulums Europa zum Opfer fiel, haben auch für Hamburg allerlei böse Zeiten mitgebracht. Erst zog der Landgraf Karl von Hessen mit den Dänen in seine Mauern ein, dann kam der Marschall Mortier mit seinen Franzosen, und am 18. Dezember 1810 verleibte ein napoleonisches Dekret die deutsche Hansestadt dem französischen Reiche ein. Unberechenbare Nachteile und Zerrüttungen erlitt in jenen Zeiten die Stadt; starke Einquartierungen, Kontributionen, die Blockierung der Elbe durch die Engländer und noch anderes Elend mehr ließen Handel und Wohlstand immer tiefer sinken. So ging das bis zum März 1813; da schien es, als ob die Zeit des Unglücks vorbei wäre. Die Franzosen zogen ab, Tettenborn rückte ein, der Senat nahm die Regierung der Stadt wieder in seine Hände. Aber die Stunde der Erlösung hatte noch nicht geschlagen. Am 30. Mai mußte der russische General Hamburg wieder räumen, und die Franzosen schlugen abermals ihr Quartier darin auf. Hamburg wurde außer dem Gesetze erklärt, mußte 48 Millionen Franken Strafgelder zahlen und unter Vandamme und Davoust schwere Unbill erdulden. Napoleons Fall machte

Abb. 121. Das Rathaus in Wilhelmshaven.
(Nach einer Photographie von Römmler & Jonas in Dresden.)

auch diesen bösen Tagen ein
Ende, am 25. April 1814
hatten seine Truppen Ham-
burg geräumt, und unter
großem Jubel der Einwohner
zog Graf Bennigsen in die
befreite Stadt ein.

Nimmer ruhender Fleiß
und rastlose Thätigkeit ver-
wischten binnen wenigen
Jahrzehnten nicht nur alle
Spuren, welche die Fremd-
herrschaft des Korsen in
der Hansestadt hinterlassen
hatten, sondern hoben deren
Wohlstand auf eine bisher
noch nicht dagewesene Höhe
empor. Dank dieser zähen
und trotz alles Mißgeschickes
immer wieder üppigere Blü-
ten treibenden Energie und
Lebenskraft vermochte Hamburg auch das schreckens-
volle Ereignis des großen
Brandes überwinden, der
am 5. Mai 1842 ausbrach
und innerhalb einiger Tage
den fünften Teils ihres
Weichbildes verzehrte. Aber
schon drei Jahre nachher
waren die abgebrannten
Stadtteile dem Phönix gleich
desto schöner aus der Asche

erstanden. Welchen ungeahnten Aufschwung
Hamburgs Handel in den jüngstverflossenen
50 Jahren genommen hat, das haben wir
schon weiter oben gesehen.

Die Stadt Hamburg selbst mit ihren ehemaligen 15 Vororten (Rotherbaum, Have-
stehude, Eimsbüttel, Eppendorf, Borgfelde,
Hamm, Hohenfelde u. s. f.) zählt in der Gegenwart 668000 Einwohner. Der Fremde,
welcher die Stadt besichtigen will, wird seine
Schritte wohl zuerst zu den Hafenanlagen
lenken, die sich etwa 8000 Meter weit auf
beiden Ufern der Elbe bis nach Altona hin
erstrecken. Hunderte von großen und kleinen
Schiffen fast aller seefahrenden Nationen
liegen dort, und ihre so verschiedenfarbigen
Flaggen und Wimpel bringen einen gar
bunten Ton in das großartige Bild. In
neuester Zeit sind von verschiedenen Unter-
nehmern eigene Hafenrundfahrten für die
auswärtigen Besucher ins Leben gerufen

worden, welche Gelegenheit bieten, unter
sachkundiger Führung nicht nur das großartige Leben und Treiben im Hafen selbst
in den Hauptsachen kennen zu lernen, sondern auch einen der großen transatlantischen Dampfer eingehend in Augenschein
zu nehmen. Auch ein Besuch des gewaltigen
am Kaiserquai erbauten Staatsspeichers mit
seinen ingeniösen Einrichtungen und des
32 Meter hohen Riesenkrans sollte nicht
versäumt werden. Auf luftiger Höhe über
dem Hafen erhebt sich das Seemannshaus,
ein Asyl für alte und kranke Seeleute und
ein Unterkommen für beschäftigungslose
Männer dieses Berufes, und nicht weit
davon ist auf einer schönen Terrasse die
deutsche Seewarte erbaut, ein Institut der
deutschen Kriegsmarine (Abb. 60). Es
werden dort die meteorologischen Tagebücher
und die nautischen Berichte über Seehäfen
und dergleichen Dinge aller deutschen Kriegs-

schiffe und der größten Zahl deutscher Handelsschiffe, die freiwillige Mitarbeiter sind, gesammelt und zu großen maritim-meteoro-
logischen Segelhandbüchern für die großen
Weltmeere verarbeitet, und auch sonst besondere meteorologische Arbeiten von weit-
tragender wissenschaftlicher Bedeutung, die
Wetterkarten, welche auch in den bedeutendsten Tagesblättern Veröffentlichung finden, und dergleichen mehr veröffentlicht.
Dann besorgt die Seewarte den für die
Schiffahrt so äußerst wichtigen Sturm-
warnungs- und Witterungsdienst.

Durch allerlei alte und teilweise recht
enge Straßen und Gassen, welchen weder die
Wohlgerüche des Morgenlandes noch die
Reinlichkeit holländischer Ansiedelungen zu
eigen sind, gelangen wir zu der St. Michaels-
kirche mit ihrem 132 Meter hohen Turm,
einem Meisterwerk des bekannten Architekten
Sonnin, der sie 1762—1786 erbaute, nachdem ein Blitzstrahl 1750 ihre Vorgängerin,
die St. Salvator-Kirche, eingeäschert hatte.
Von hier ziehen wir über den Zeughausmarkt
zum Millernthor, und an Hornhardts Konzert-
haus vorbei nach St. Pauli. Der Spiel-
budenplatz mit seinen verschiedensten Lockungen
für die nach langer Seefahrt wieder festen
Boden betretenden Seeleute, mit seinen Wachs-
figurenkabinetten, seinen Tingel-Tangeln,
Theatern, Tanzlokalen, Menagerien und solchen Dingen mehr vermag uns nicht lange
zu fesseln. Wir besteigen die elektrische
Ringbahn, die uns auf breiter Straße, zur
linken Hand das weite Heiligengeistfeld, zur
rechten schöne Anlagen an der Stelle der
ehemaligen Wälle, die schon mehrfach als
Ausstellungsplatz gedient haben, — so 1897
bei Anlaß der hervorragend schön gelungenen
Gartenbauausstellung — rasch zum Holsten-
thore bringt. Hier erheben sich die neuen
und weitläufigen Justizgebäude und das
Untersuchungsgefängnis, die wir zur Rechten
liegen lassen, um am botanischen Garten
und den alten Begräbnisplätzen vorbei
den Eingang zum zoologischen Garten zu
erreichen, der seinesgleichen in Deutschland sucht, und zwar nicht nur wegen
der Reichhaltigkeit seiner vierfüßigen, fliegenden und kriechenden oder schwimmenden
Bewohner, sondern auch wegen seiner ganz
wundervollen landschaftlichen Anlage. Eine
prächtige Aussicht auf den Garten selbst,
dann aber auf die Riesenstadt und ihre

Umgebung gewährt die auf einem Hügel
belegene Eulenburg. Das Aquarium, das
lehrreiche Einblicke in die marine Tierwelt
und in die Fauna des Süßwassers thun
läßt, ist ein besonderes Schaustück.

Durch das Dammthor betreten wir die
innere Stadt. Zunächst fesseln am Stephans-
platz der große Renaissancebau der kaiserlichen
Post- und Telegraphenverwaltung und das
architektonisch nicht besonders hervorragende,
aber geräumige und durch seine künstlerischen
Leistungen bedeutende Stadttheater unsere
Blicke, dann nimmt am Gänsemarkt Lessings
Bronzebild, von Schaper modelliert, unsere
Aufmerksamkeit in Anspruch. Der Dichter
der Minna von Barnhelm ist auf hohem
Granitsockel sitzend dargestellt: an letzterem
sind die Medaillons von Eckhof und Rei-
marus angebracht.

Nun sind wir bis zur Binnenalster
vorgedrungen. Das von Dampfschiffen,
Segel- und Ruderbooten und Frachtschiffen
belebte Wasserbecken, auf dem sich Schwäne
und andere Wasservögel tummeln, bietet
vollends vom Jungfernstieg aus gesehen, ein
ganz besonders anziehendes Bild. Ein
Rundgang um dasselbe lohnt der Mühe.
Da ist der neuerdings verbreitete Jungfernstieg selbst, mit einer Reihe von großartigen
Baulichkeiten (Hamburger Hof, Filiale der
Dresdener Bank), dann der Alsterdamm mit
seiner stattlichen Häuserreihe. Bald stehen
wir auf dem parkartig angelegten Platze
vor der Kunsthalle und betrachten uns die
von Blumenteppichen umgebene Lippeltsche
Statue Schillers. Der im Stil italienischer
Frührenaissance aufgeführte Ziegelbau der
Kunsthalle steht offen und ladet zu einer
eingehenden Besichtigung seiner zahlreichen
Gemälde und plastischen Kunstwerke ein
(Abb. 61—70).

Auf den in der Gegenwart schön ange-
pflanzten ehemaligen Umwallungen spazieren
wir zur Lombardsbrücke. Weit schweift von
hier der Blick über die glänzende Fläche
der Außenalster hin, deren grüne Ufer dicht
besetzt sind von Villen, Gärten, Baum-
und Parkanlagen. An der linken Alsterseite
erheben sich die Stadtteile St. Georg und die
langgedehnte Uhlenhorst, während die Dächer
von Winterhude und von Eppendorf dieses
herrlichste aller deutschen Städtebilder im
äußersten Hintergrunde abschließen. Auf dem
anderen Ufer wird das Wasserbecken von den

nicht selten schloßartig gebauten Häusern von Harvestehude und des Rabenstraßenviertels umsäumt. Hier steigt das Gelände allmählich an, während das linke Ufer flach ist, so daß beide Seiten des zur See erweiterten Flusses landschaftlich starke Kontraste bilden. Am Harvestehuder Weg wohnt das „reiche" Hamburg, und dieses Wort will etwas heißen. Durch die Rabenstraße und den Mittelweg führt uns der Weg an das Alsterglacis und zurück auf die alten Umwallungen. Zur Zeit, als Hamburg noch eine Festung war, lagen

Läden mit reichbesetzten Auslagen hinter den hohen Spiegelglasfenstern bieten hier die verschiedensten Erzeugnisse der Kunst und Industrie zum Kaufe an.

Nahebei, am Adolphsplatze, erhebt sich die schon vor 60 Jahren erbaute, seitdem aber mehrfach vergrößerte und verschönerte Börse. Wenn man den Elbstrom die Pulsader von Hamburgs Leben und Weben genannt hat, so verdient die Börse dagegen die Bezeichnung vom Herzen seines Handels. Hier ist zwischen $^1/_2 2$ und $^1/_2 3$ Uhr die

Abb. 126. Rathaus in Leer, vom Hafen gesehen.
(Nach einer Photographie von Römmler & Jonas in Dresden.)

jenseits derselben am Flusse einige Vergnügungsörter, wo man sich an den Genüssen der Tafel und des Tanzes ergötzen konnte oder unter den Klängen von Musik und Gesang auf der Alster umher gondelte. Ein deutscher Dichter aus jenen fernen Tagen, Friedrich von Hagedorn, hat uns ein Lied davon gesungen.

An der Esplanade hat Hamburg seinen im Kriege von 1870—1871 gefallenen Söhnen durch den berühmten Bildhauer Schilling ein schönes Denkmal errichten lassen. Zwei der Hauptverkehrsadern Hamburgs zweigen sich vom Jungfernstieg ab, die Große Bleichen und der Neue Wall. Großartige

kommerzielle Welt Hamburgs versammelt, um ihre Geschäfte abzuschließen und abzuwickeln und jeden Tag viele Millionen umzusetzen. Nebendran, auf dem Rathausmarkte, befindet sich dann das politische Centrum des Freistaates, sein Rathaus. Dieser imponierende und gewaltige Renaissancebau, aus Sandstein aufgeführt, ist für das beim großen Brande von 1842 untergegangene alte Rathaus in den Jahren 1886—1897 erbaut worden. Zahlreiche Bildwerke und Wappen aus Stein und Erz schmücken sein Äußeres.

Die alte Domkirche Hamburgs, sein ältestes Gotteshaus, existiert nicht mehr.

Im Verlaufe der Zeit wurde es baufällig und kam 1805 zum Abbruch. Seine Stelle als städtische Hauptkirche hat nunmehr St. Nikolai eingenommen, die nach dem Brande von 1842 im gotischen Stil des dreizehnten Jahrhunderts neu erstanden ist, und deren 147 Meter hohe Turm, eins der Wahrzeichen Hamburgs, zu den höchsten Bauten Europas gehört. Auch die schon um 1195 urkundlich erwähnte Petrikirche wurde bei der Brandkatastrophe ein Raub der Flammen und stammt in ihrer heutigen Gestalt erst aus dem Jahre 1849. Dagegen hat das Feuer St. Katharinen verschont; durch einige alte Gemälde in ihren Hallen, darunter ein schönes Altarblatt, ist ihre Besichtigung nicht ohne Interesse. Reichhaltige Sammlungen zoologischer, geologischer, mineralogischer und ethnographischer Natur birgt das am Steinwall neuerbaute naturhistorische Museum. Es verfügt dasselbe nicht nur über verhältnismäßig große Mittel, sondern die Munificenz der Hamburger Kaufherren und Privatleute hat auch viel zu seiner Bereicherung beigetragen. Im ehemaligen Realschulgebäude beim Lübeckerthor ist die botanische Sammlung aufgestellt, deren kolonialer Teil nicht genug gerühmt werden kann. Kein Besucher Hamburgs möge aber versäumen, dem Museum für Kunst und Gewerbe in St. Georg einige Stunden aufmerksamer Betrachtung zu schenken, das nächst seiner Schwesteranstalt in Berlin wohl das beste seiner Art im Reiche ist. Die herrlichen Fayencen und wundervollen geschnitzten alten Schränke und Truhen aus den niederdeutschen und holländischen Gebieten sind das Entzücken aller Kenner.

Zu den besichtigungswerten Dingen der Hansestadt gehören noch das große Musterkrankenhaus von Eppendorf, ganz am Ende der Außenalster, und die großartigen Friedhofsanlagen von Ohlsdorf, wo das still gewordene Hamburg von dieses Lebens Hast und Kampf ausruht. Dann werden Fachleute die Stadt nicht verlassen, ohne noch einen Blick auf die großen Sandfiltrationen auf der Elbinsel Kaltehofe bei Billwerder geworfen zu haben, welche das von der Wasserleitung Hamburgs gebrauchte Stromwasser reinigen und genießbar machen. Diese Werke wurden 1893 nach der großen Choleraheimsuchung angelegt.

Ein Zeitaufwand von nur wenig Stunden genügt, um die in nordöstlicher Richtung gelegene, holsteinische Stadt Wandsbek an der Wanse kennen zu lassen. Der 21 700 Einwohner zählende Ort ist durch eine elektrische und die Bahnlinie nach Lübeck leicht zu erreichen und bot den Bankerottiern früher eine Freistatt dar, ein Umstand, welcher dem Ruf des Städtchens begreiflicherweise nicht wenig geschadet hat. Friedrich V. von Dänemark hob im Jahre 1754 aber dieses sonderbare Privilegium auf. Auf dem Friedhof Wandsbeks ist Matthias Claudius begraben, und im nahen Gehölz hat die Stadt dem Wandsbeker Boten ein einfaches, aber stimmungsvolles Denkmal gesetzt (Abb. 71).

Südlich von Hamburg ist Bergedorf, ebenfalls ein freundliches Städtchen am Ufer der Bille. Es besitzt ein von schönen Gärten umgebenes altes Schloß, das in der Vergangenheit eine Rolle gespielt hat. Der Weg dorthin zieht an den bekannten Anstalten des „Rauhen Hauses" vorbei. Der Marschdistrikt zwischen Elbe und Bille, aus den vier reichen Kirchspielen Neuengamme, Altengamme, Kurslack und Kirchwerder, außerdem noch aus der Ortschaft Geesthacht bestehend, führt den Namen „Vierlande"; derselbe ist vortrefflich angebaut und von größter Fruchtbarkeit. Es ist Hamburgs Obst- und Gemüsegarten. Die Vierländer zeichnen sich durch ihre Obst-, Erdbeeren-, Gemüsekultur und Blumenzucht aus, die Reinlichkeit ihrer Behausungen ist sprichwörtlich geworden. Originell ist die Frauentracht in den Vierlanden, eigentümlich sind dort Sprache und Sitten (Abb. 72—77). Auch des reizend gelegenen Kurortes Reinbek an der Bille mit seinen vielen Villen und Sommerhäusern und des nicht minder freundlich gelegenen Aumühle sei hier gedacht, sowie des nahen Friedrichsruh, wo unweit von seinem einfachen Schlosse, das die Zuflucht seiner letzten Lebensjahre war, der Alte vom Sachsenwalde in einem zwar äußerlich schmucklosen, aber würdigen Mausoleum zur Ruhe gebettet worden ist (Abb. 78—81).

St. Pauli verbindet Hamburg mit dem diesem gegenüber verhältnismäßig jungen Altona, dessen Name urkundlich erst um 1547 Erwähnung gethan wird.

Altona ist Schleswig-Holsteins größte Stadt, zählt 156 800 Einwohner und liegt auf einem Höhenzuge, der ziemlich schroff gegen die Elbe hin abfällt, so daß die zum Hafen führenden Straßen abschüssig sind. Es besitzt eine in den letzten Jahren sich immer mehr ausbreitende Handelsthätigkeit, besonders im Export mit Nordamerika, und hat in neuerer Zeit Anstrengungen gemacht, um sich in der Hochseefischerei einen achtunggebietenden Platz zu erobern, den es in früheren Jahren schon einmal inne gehabt hatte. Sein Fischmarkt ist beträchtlich; im Jahre 1898 erzielten die in Altona abgehaltenen Fischauktionen einen Umsatz von 1993632 Reichsmark. Daneben blühen

Hafenanlagen Altonas sind gut und zweckmäßig eingerichtet, haben geräumige, mit Lagerschuppen versehene Kaibauten, starke Kräne neuester Konstruktion und stehen durch ein Schienennetz mit der Eisenbahn in Verbindung. 1894 sind 938 Seeschiffe aus dem Altonaer Hafen ausgelaufen und 677 darin angekommen. Die von überseeischen Ländern in gleichem Jahre eingeführten Waren besaßen ungefähr 29000 Mark an Wert, die seewärts ausgeführten 11000000 Mark.

Im Verlaufe ihrer Entwickelung hat die Stadt Altona nicht minder viele

Abb. 127. Emden, vom Hafen gesehen.

in der Stadt allerlei industrielle Unternehmungen.

In architektonischer Beziehung bietet die Stadt Altona nicht viel. Ihre Hauptstraße ist die Palmaille, eine mit schönen Linden bepflanzte Verkehrsader, in der das eherne Standbild des früheren dänischen Oberpräsidenten Grafen Konrad von Blücher steht. Ihm dankt die Stadt ihre Errettung von dem Schicksale, zur Franzosenzeit in Brand gesetzt zu werden. In der Königstraße pulsiert das gewerbliche Leben. Hier befindet sich auch das hübsche Stadttheater und eine vom Bildhauer Brütt geschaffene Statue des Fürsten Bismarck (Abb. 82—84). Die sich an die Hamburger anschließenden

Krisen durchzumachen gehabt, als ihre Nachbarstadt Hamburg. Zu den schlimmsten Ereignissen, welche in ihren Annalen verzeichnet stehen, dürften die Brandlegung der Stadt gehören, mit welcher sie Steenbock am 9.—11. Januar 1713 wegen des durch die Dänen verursachten Brandes von Stade und einer nichtbezahlten Kriegskontribution bestraft hat. 1546 Wohnungen wurden durch Hineinwerfen von Pechkränzen und Brandfackeln ein Raub der Flammen, und nur 693 Häuser blieben vom Feuer verschont.

Trotzdem blühte aber Altona im achtzehnten Jahrhundert rasch empor, der Handel hob sich zusehends, besonders als ihm der in

Abb. 128. Am Delft in Emden.

Nordamerika entbrannte Krieg neue Bahnen eröffnete. Während der Zeit der Kontinentalsperre stockten die Geschäfte aber wieder, der Wohlstand verschwand, und Altona wurde eine recht stille Stadt, bis sie in den letzten 40—50 Jahren, unter Preußens Oberhoheit, einen erneuten Aufschwung genommen hat. Im Jahre 1835 zählte sie kaum 26300 Einwohner, heute das Sechsfache dieser Zahl.

Seit dem Jahre 1889 ist Ottensen, dem ehemals der Ruhm zukam, Holsteins größtes Kirchdorf zu sein, mit Altona vereinigt. Auf seinem Friedhofe ruht unter einer alten Linde der Dichter Klopstock im gemeinsamen Grabe mit seinen beiden Frauen aus. „Saat von Gott gesäet, dem Tage der Garben zu reifen" steht auf dem Grabstein zu lesen.

Zwei Wege stehen uns offen, um von Hamburg-Altona an die See zu gelangen. Der eine führt uns aufs Dampfboot, das uns in etwa $3\frac{1}{2}$—$4\frac{1}{2}$ Stunden nach Cuxhaven bringt, der andere ist die Eisenbahnlinie, welche über Harburg und Stade an der linken Elbseite das gleiche Ziel erreichen läßt. Wir besteigen einen der recht bequem eingerichteten Dampfer der Nordseelinie, der alsbald die Landungsbrücke von St. Pauli verläßt und seinen Bug elbabwärts wendet. Das rechte Stromufer

ist zunächst noch von allerlei industriellen Anlagen dicht bebaut, bald aber treten diese zurück, Villen und Landhäuser mit prächtigen Parkanlagen und große Vergnügungslokale mit weiten Gärten zeigen sich im bunten Wechsel, darunter die vielbesuchten Neumühlen (Abb. 85) und Teufelsbrücke. Dann erscheint das freundliche Blankenese am Fuße des 76 Meter hohen Süllberges, eines bis an den Strom herantretenden Vorsprunges der Geest (Abb. 86 u. 87). Dem linken Ufer sind breite und flache Inseln vorgelagert, so daß dasselbe nicht besonders anziehend erscheint und von dem Alten Lande wenig zu sehen ist. Gegenüber von Nienstedten nahe bei Blankenese vereinigt sich die Süderelbe mit dem Hauptstrom. Rechts folgen bald Schulau und dann die fruchtbaren Marschen Holsteins, links bis nach Stade hin immer noch die grünen dorfbesäeten Flächen des Alten Landes, welche nordwärts von der ebengenannten Stadt in diejenigen des Landes Kehdingen und von hier noch weiter nach Norden in die Landschaft Hadeln übergehen. Bei Cuxhaven (Abb. 88 u. 89) ist die offene See beinahe schon erreicht. Nur ein kurzer Aufenthalt, schon werden die Anker wieder gelichtet, und das Schiff dampft seewärts, an Newwerk und Scharhörn vorbei (Abb. 90 u. 91). Dann umspülen es die echten und rechten Nordseewellen, weit hinter uns verschwindet allmählich das Land, und um uns herum ist nichts mehr zu sehen, als das wellenbewegte Meer, über uns hängen graue Wolken am Himmel. So geht es einige Zeit fort, bis plötzlich am Horizont ein kleiner dunkler Punkt auftaucht. „Helgoland in Sicht!" ruft der Kapitän. Unter den Passagieren wird es lebendig, selbst die armen Seekranken erheben sich von ihrem Schmerzenslager und schöpfen neuen Mut. Fernstecher und Fernrohre werden hervorgeholt, Seekarten studiert, Gepäck zurechtgelegt. Mit Macht arbeitet sich der Dampfer durch die Wogen, der Punkt wird größer und größer, rasch kommen wir ihm näher, und ebenso rasch verwandelt er sich auch in das rötlich schimmernde Felseneiland, in dessen Hafen wir in wenigen Minuten vor Anker gehen werden.

XII.
Helgoland.

Grön is det Lunn,
Road is de Kant,
Witt is de Sunn:
Deet is det Woapen
Bun't „hillige Lunn".

Zwischen den Mündungen der Elbe und denjenigen der Weser, unter 54° 11′ nörd

licher Breite und 7° 53′ östlicher Länge von Greenwich, 50 Kilometer von Neuwerk, 62 von Cuxhaven und ca. 150 von Hamburg entfernt liegt Helgoland. Senkrecht bis zur Höhe von 58 Meter steigt dieses jüngste Glied deutscher Erde aus den Fluten der Nordsee auf mit seinen bräunlichrot gefärbten felsigen Kanten, die das ungefähr 46 Hektare große Oberland tragen. Die Schichten der Insel fallen von Nordwesten nach Südosten in einem Winkel von 10—15° ein. An der Ostseite steigen die Felswände zumeist steil ab und bilden eine kahle Mauer, an der Westseite jedoch zeigt die Insel ein abwechselungsreiches Bild der Zerklüftung, mit Buchten, Felsthoren und einzeln dastehenden Pfeilern, welche vom Mutterfelsen losgenagt worden sind, so den Mönch, den Predigerstuhl und das Nathurn. Gegen Südosten ist dem Oberland das nur wenige Meter über den Meeresspiegel erhabene, aber sehr geschützte Unterland vorgelagert. Helgoland ist 0,59 Quadratkilometer groß, und gestaltet als ein langes und schmales Dreieck, dessen Spitze, das ebenerwähnte Nathurn, nach Nordwesten gerichtet ist. Die größte Länge der Insel mag 1600 Meter betragen, die größte Breite 500 Meter, der Umfang des

Abb. 129. Rathaus in Emden.

Abb. 130. Norden.

Oberlandes etwa 3000 Meter und derjenige des Unterlandes ungefähr 900 Meter (Abb. 1 u. 92—99).

Im Osten der Insel und etwa einen halben Kilometer davon entfernt erstreckt sich die längliche, jetzt durch weit in die See hinaus gebaute Buhnen vollkommen geschützte Düne. Ihr Untergrund besteht aus geschichteten Gesteinen (Triasformation), wird jedoch von Rollsteinen und Sanden bedeckt. Die Länge der Düne bei Ebbe mag etwa 2000 Meter groß sein, bei 300 Meter Breite. Es ist so recht der Lebensnerv Helgolands; dort befindet sich der schöne, stets steinfreie, feste und ebene Badestrand. Die auf der Insel wohnenden Kurgäste erreichen denselben vermittelst Überfahrt in Fährbooten, welche entweder durch Riemen und Segel vorwärts bewegt oder seit dem Jahre 1897 durch einen Dampfer geschleppt werden. Für diejenigen aber, welche ein Bad in der offenen See nicht zuträglich ist, ist ein geräumiges und möglichst vollkommenes Badehaus mit hoher luftiger Schwimmhalle, warmen Seebädern u. s. f. erbaut worden, das seinen Platz an der äußersten Südseite des Unterlandes gefunden hat. Wenn stürmisches Wetter die Überfahrt zur Düne nicht gestattet, ist damit ein gewisser Ersatz für die Bäder in See gegeben. Die Düne setzt sich nach Nordwesten in riffartigen Klippenreihen fort, die bei Niedrigwasser stellenweise freiliegen, wie denn überhaupt das ganze Eiland von solchen Felsenrissen rings umgeben wird. Letztere sind zwar den nahenden Schiffen gefährlich und die Ursache zu vielen Strandungen gewesen, der Insel selbst aber bieten sie als natürliche Wogenbrecher Schutz, indem sie den Hauptanprall der Wellen von ihr fernhalten.

Unter der Zahl der Nordseebäder figuriert Helgoland seit dem Jahre 1823. Sein günstiges Inselklima und die reine, feuchte und warme Seeluft, deren Wärme während der Monate Juni bis September zwischen 14° und 15° C. schwankt, während die Nordsee als höchste und niedrigste Temperaturen während der Badezeit 20° und 12° C. aufweist, haben dem Eiland als Seebad im Laufe der Jahre immer mehr Freunde verschafft, so daß der Fremdenbesuch sich stetig hob und damit Hand in Hand auch der Wohlstand der Insulaner dauernd gestiegen ist. Die Fremdenfrequenz, welche im Jahre 1890 noch 12732 Besucher aufweist, hat im Jahre 1898 schon die hohe Zahl 20669 erreicht.

Die Straßen des Ober- und Unterlandes mit ihren vom Dach bis zum Keller blitzblanken Häusern machen einen gar freundlichen Eindruck. Ihrer großen Reinlichkeit und Sauberkeit wegen sind die Bewohner Helgolands ja bekannt. Interessant und eigenartig ist das Innere der Kirche, deren Gewölbe mit den lukenartig geformten oberen Fenstern lebhaft an das Innere eines Schiffes erinnert. Auf dem Altar stehen zwei große silberne Leuchter, welche der Gemeinde Helgoland von dem als Oberst Gustavsson bekannten entthronten König Gustav IV. Adolph von Schweden zur Erinnerung an seinen Aufenthalt auf der Insel im Jahre 1811 verehrt worden sind.

Auf dem höchsten Teil des Oberlandes befindet sich der 1810 aufgeführte neue Leuchtturm mit weiter Rundsicht; westlich davon erblickt man den „Pharus", den alten Leuchtturm, welchen die Hamburger um 1670 errichtet haben und in den ersten Zeiten durch Kerzenlicht erleuchteten. Derselbe dient in der Gegenwart nur noch als Signalstation. Bei Anlaß seiner Erbauung zeigte sich, daß die Erderhebung, auf welcher er steht, ein alter Grabhügel war, der Urnen und Gebeine enthielt. Ähnliche Grabstätten aus vorgeschichtlicher Zeit dürften auch der Flaggenberg, der Bredberg und der Billberg gewesen sein; vom Moderberg steht das unzweifelhaft fest. Im letzteren hat man ein männliches Skelett, von zwei Gipsplatten eingeschlossen, gefunden, eine Bronzewaffe und zwei goldene Spiralringe.

An der Falm, der Hauptverkehrsstation, „dem Ausguck der Helgoländer", wie sie genannt worden ist, steht das die kaiserliche Kommandantur beherbergende Regierungsgebäude. Die Straße selbst mündet auf die das Oberland mit dem Unterland vermittelst 188 Stufen verbindende Treppe; in der Nähe ihres Fußes befindet sich die heilige Quelle, ein Süßwasserbrunnen, an welchem der Sage nach die Taufen der von Liudger bekehrten heidnischen Bewohner des Eilands stattgefunden haben sollen, wie Müllenhoff in seinen Sagen, Märchen und Liedern der Herzogtümer Schleswig-Holstein und Lauenburg erzählt. Im Unterlande finden wir die zwecks Erforschung der Nordseefauna und -Flora im Jahre 1892 vom preußischen Staate ins Leben gerufene biologische Anstalt mit dem Nordseemuseum, das im alten Konversationshause untergebracht ist. Den Grundstock des Museums bildet die vom Deutschen Reiche angekaufte berühmte Gätkesche Vogelsammlung, welche im unteren Saale aufgestellt ist, während die oberen Räumlichkeiten der Veranschaulichung der marinen Tier- und Pflanzenwelt Helgolands und der Nordsee dienen. Besondere Berücksichtigung haben dabei die nutzbaren Seetiere, wie auch die verschiedenen Arten ihres Fanges gefunden. Die geologische Beschaffenheit

der Insel wird durch eine Sammlung von Gesteinen und Fossilien erläutert.

Am 26. August 1841 dichtete hier auf dem England unterthauen Stück deutscher Erde August Heinrich Hoffmann, in der Litteratur Hoffmann von Fallersleben genannt, sein berühmtestes Lied „Deutschland, Deutschland über alles, über alles in der Welt". Zur Erinnerung an diese That ist ihm 50 Jahre später am Meeresstrande Helgolands ein aus Schapers Meisterhand hervorgegangenes Denkmal gesetzt worden, nachdem kurz vorher, am 10. August 1890, Kaiser Wilhelm II. namens des Deutschen Reiches wiederum von der Insel Besitz ergriffen hatte. Sie ist dann dem schleswig-holsteinischen Landkreis Süderdithmarschen zugeteilt worden. 76 Jahre lang war Helgoland englisch gewesen; von 1674 bis 1714 hatte der Danebrog darüber geweht.

Abb. 131. Inneres der Liudgerkirche in Norden.

9*

In noch früheren Zeiten war das Eiland abwechselnd Eigentum der Hansestadt Hamburg und der Herzöge von Schleswig-Gottorp, die wiederum in normännischen Seeräubern und im ersten Jahrtausend unserer Zeitrechnung in verschiedenen Friesenkönigen ihre Vorgänger gehabt haben. Der bekannteste unter diesen letzteren war nach des Alkuins Bericht König Ratbod, der als Bundesgenosse König Dagoberts mit diesen zugleich von Pipin 689 bei Dorstedt geschlagen worden ist und auf Helgoland eine sichere Zuflucht fand. Alkuin erwähnt unser Eiland unter dem Namen Fositesland, dessen Identität mit Helgoland jedoch von Adam von Bremen (nach 1072) als „Heiligland" ausdrücklich bezeugt worden ist. Als der schon weiter oben erwähnte Lindger, Bischof von Münster, um 785 die Insel auf Weisung Karls des Großen hin aufsuchte, war dieselbe der geheiligte Wohnsitz des Gottes Fosete, dessen Heiligtümer hier erbaut waren. Ob Helgoland bereits den Römern bekannt gewesen ist, oder ob nicht, das muß dahingestellt bleiben; nach gewissen Stellen in des Tacitus Germania sowie in dessen Annalen wäre die Annahme nicht ganz von der Hand zu weisen, daß auch schon römische Augen auf die roten Felsen Helgolands geschaut und daß Wimpel römischer Schiffe, die des Germanicus Kohorten nach der Schlacht auf dem idistavischen Felde aus der Ems in die Nordsee trugen, nach Fositesland hinübergegrüßt haben könnten. Noch unbestimmter aber ist es, ob Herr Pytheas von Massilia, der um die Zeit Alexanders des Großen in das sagenhafte und vielfach und immer wieder anders gedeutete Thule eine Reise gethan hat, seinen Fuß auf Fositesland setzte. Es ist zuweilen die Ansicht laut geworden, daß die Bernsteininsel Abalus im Busen Metnonis Helgoland gewesen sei. Aber wer mag das mit Bestimmtheit wissen?

In den meisten Schriften früherer Jahrhunderte wird von unserer Insel als vom „hilligen Lunn" gesprochen, aus welcher Bezeichnung das offizielle englische „Heligoland" und das deutsche „Helgoland" sich mit der Zeit herausgebildet haben. Auch der Name „Farria" ist bisweilen dafür gebraucht worden, der nach Lindemann am richtigsten als „Far-öer", „Schafinsel" gedeutet wird, „denn Schafe waren früher in großer Menge auf der Insel".

In den Blättern der neuesten deutschen Kriegsgeschichte finden wir Helgoland zweimal verzeichnet. Am 4. Juni 1848 fand hier die Feuertaufe der deutschen Flotte statt, indem drei Schiffe des Deutschen Bundes mit einer dänischen Segelkorvette ins Gefecht gerieten, und am 9. Mai 1864 kamen hier österreichische und preußische Kriegsschiffe mit einem Teil der dänischen Flotte aneinander. Der Befehlshaber des österreichischen Geschwaders, der spätere Seeheld von Lissa, Freiherr Wilhelm von Tegethoff, hat sich bei diesem Anlaß die Kontreadmirals-Epauletten geholt.

Kernig und kräftig ist der zum friesischen Stamme gehörige Menschenschlag Helgolands, die Männer sind entschlossene und willensstarke Leute, zierlich und schlank die Frauen und Mädchen. Phlegmatische Ruhe ist der Grundcharakterzug der Bevölkerung; mitten in den stürmischen Wogen des Meeres verliert der Helgoländer diese Ruhe nicht, sondern bleibt kaltblütig und gelassen, eine Eigenschaft, die für seinen Beruf als Seefahrer nicht hoch genug angeschlagen werden kann. Am Althergebrachten hält er unwandelbar fest, so auch an der friesischen Mundart, welche die Kinder dort schon sprechen, bevor sie in der Schule deutsch reden lernen. Die schöne Nationaltracht der Helgoländerinnen hat allerdings mit der Zeit der modernen Kleidung weichen müssen und wird heutzutage nur noch bei besonderen festlichen Gelegenheiten angelegt. Schiffahrt, Fischerei und Lotsendienst, und nicht zum geringsten der Badebetrieb bilden die hauptsächlichsten Erwerbsquellen der Inselbewohner. In früheren Jahrhunderten pflegten gewaltige Heringszüge vor Helgoland zu erscheinen, und damit brachen Zeiten des Glanzes und besonderen Wohlstandes für das Eiland an. Die Gewässer wimmelten von fremden Schiffen, und große Faktoreien entstanden auf der Insel. Schon im sechzehnten Jahrhundert fingen die Heringszüge aber wieder an abzunehmen und waren im achtzehnten Jahrhundert beinahe ganz verschwunden.

Gebilde des Zechsteins, der Trias und der Kreide nehmen am geologischen Aufbau Helgolands teil. Die ältesten Ablagerungen der Insel bestehen aus einer einheitlichen

Folge rotbrauner, dickbankiger, kalthaltiger Thonschichten, die auf ihren Schichtflächen häufig Glimmerblättchen führen, nur unterbrochen durch eine etwa 20 Centimeter starke Schicht eines weißen zerreiblichen Sandes — der Katersand der Helgoländer. Eine Anzahl von Kupfermineralien, so Rotkupfererz, Ziegelerz, Kupferglanz und gediegenes Kupfer kommt in diesen Thonbänken vor, ebenso zeigen sich elliptische Kalkmandeln, im Inneren oft hohl und an den Wänden mit Kalkspatkrystallen ausgekleidet, darin. Gemäß dem Fallen und Streichen der Schichten taucht dieser untere Gesteins-

ein Wechsel von roten, schiefrigen Thonen mit grünlich-grauen oder rot und grün gefleckten Kalksandsteinen und dünn geschichteten grauen Kalken, ohne Beimengungen von Kupfererz. Aus diesen Schichten setzt sich die Oberfläche der Insel zusammen. Aus Bildungen des Muschelkalks und wohl auch des unteren Keupers sind die Düne und die sich von dieser nordwestwärts erstreckenden Klippenzüge des Wite Klif und Olde Höve Brunnens aufgebaut. Zwischen diesen letzteren und der Hauptinsel dürfte wohl im Verlaufe der Aeonen eine etwa 370 Meter mächtige Reihe von Sedimenten

Abb. 132. Wangeroog.
(Nach einer Photographie von Römmler & Jonas in Dresden.)

komplex etwa in der Mitte der Westseite aus dem Meer empor und steigt bis zur Nordspitze derart an, daß er am Nathurn und Hengst fast den ganzen Steilabfall bildet und nur noch durch wenige Meter mächtige Schichten der darüber liegenden Gebilde der Trias überlagert wird.

Diese älteren Ablagerungen Helgolands, Äquivalente der Zechsteinletten, also oberster Zechstein, sind, auch im unteren Elbgebiet, so an der Lieth bei Elmshorn in Holstein, bei Stade in Hannover und auf dem Schobüller Berg in der Nähe von Husum bekannt geworden.

Dem unteren Buntsandstein entspricht

verschwunden sein, welche den mittleren und den oberen Buntsandstein repräsentiert hat.

Ablagerungen des mittleren und oberen Keupers sowie der Juraformation sind auf Helgoland unbekannt, dagegen finden sich dort Schichten sowohl der unteren, als auch der oberen Kreide vertreten, teils als anstehendes Gestein, teils in der Gestalt von Geröllen. Erstere zeigt sich in dem etwa 500 Meter breiten, den ersten vom zweiten Klippenzuge trennenden Graben, im Stit-Gatt. Fossilien aus diesen als graue, schiefrige Thone oder gelbrote und gelbe thonige Kalke auftretenden älteren cretaceischen Sedimenten stellen die von den

Abb. 133. Wangeroog, vom Leuchtturm gesehen.
(Nach einer Photographie von Römmler & Jonas in Dresden.)

Helgoländern den Badegästen zuweilen zum Kauf angebotenen „Katzenpfoten" und „Hummerschwänze" dar, Ausfüllungen der Luftkammern von Cephalopodenschalen (Crioceras).

Auf den östlich vom Skit-Gatt sich hinziehenden, bei Ebbe hochgelegenen Klippenzügen des Krid-Brunnens (resp. des Selle-Brunnens), des Kälbertanzes und des Peck-Brunnens kommt die obere Kreide vor. Cenomane Gesteine und solche der tiefsten Zone des Turons sind nur aus Geschieben bekannt, während die Kreideschichten mit Feuerstein am Krid- und am Selle-Brunnen den Zonen des Inoceramus Bonguiarti und des Scaphites Geinitzi entsprechen, und in ähnlichem Gestein des Peck-Brunnens das untere Senon anstehend nachgewiesen ist. Aus Petrefaktenauswürflingen der See geht auch das Vorhandensein jüngerer senonen Bildungen bei Helgoland hervor.

Die Diluvialablagerungen der Insel unterscheiden sich nicht wesentlich von denjenigen Schleswig-Holsteins und des nordwestlichen Deutschlands, und das in größeren Blöcken und in kleineren Geröllen auf der Insel sowie auf der Düne herumliegende erratische Material stammt aus dem mittleren und dem südlichen Schweden.

Zwischen der Hauptinsel und den die Fortsetzung der Düne bildenden Riffen und Klippen liegt der Nordhafen. In einer — geologisch genommen — sehr jungen Zeit stellte derselbe einen Süßwassersee dar. Den Grund dieses Nordhafens bildet nämlich ein hellgrauer bis dunkelbrauner Thon, von den Helgoländern Töck genannt, wobei zu beachten ist, daß diese Bezeichnung auch noch auf die Gesteine der unteren Kreide im Skit-Gatt angewandt wurde. In dem Töck des Nordhafens nun sind zahlreiche Süßwassermollusken gefunden worden, welche sämtlich noch unter der heutigen Fauna Norddeutschlands vertreten sind, und daneben noch einzelne Pflanzenreste (Ahornblätter und anderes). Damit ist der Beweis geliefert worden, daß der rote Felsen auf einer Insel lag, welche eine Ausdehnung besaß, daß eine Süßwasserfauna und Landflora auf ihr existieren konnten, daß also das Eiland ehemals, und zwar schon in Zeiten der jetzt während Erdbildungsperiode — ob sonst in historischer Zeit, muß dahingestellt bleiben — größer war, als in der Gegenwart. Es ist aber nicht ein größeres Felseneiland gewesen, sondern eine Geestinsel von gleicher Beschaffenheit etwa wie Sylt und die eine Hälfte von Föhr, eine Geestinsel, aus welcher der rote Fels und das weiße massige Gestein des Witen Klifs hervorragten.

„Helgoland,“ sagt Dames, „stellt einen vorgeschobenen Posten deutschen Bodens dar. Durch seine Einverleibung in Deutschland ist auch politisch ein Zusammenhang wiederhergestellt, der geologisch seit dem Schluß der paläozoischen Formation fast ununterbrochen bestanden hat.“

Der schon früher bei der Besprechung seiner Vaterstadt Husum und a. a. O. erwähnte „königliche Geographus und Mathematicus“ Johann Meyer hat um das Jahr 1649 eine „Newe Landtcarte von der Insel Helgelandt“ gezeichnet und dazu eine höchst phantastische Darstellung dieser Insel „in annis Christi 800 und 1300“, welche dem Buche Danckwerths beigefügt ist. „Die Insel soll viel größer gewesen seyn, dann itzo“, und „der Author der Land Carten hat davon zweyerley Vorbilde des alten Heiligen Landes vorgestellet, de annis 800 und 1300, wie man sie ex traditionibus, sed humanis erhalten“, schreibt der vormalige Bürgermeister der grauen Stadt am Meere dazu. Eben diese, von der kritischen Forschung unserer Tage längst in das Reich der Mythe verwiesene kartographische Darstellung des Eilands hat nicht wenig dazu beigetragen, die alte Sage von der vormaligen gewaltigen Ausdehnung Helgolands

noch bis in die neueste Zeit hinein, und sogar in wissenschaftlichen Lehrbüchern, aufrecht zu erhalten. Die Umrisse des alten, von Meyer rekonstruierten Eilands verhalten sich zu denjenigen der gegenwärtigen Insel etwa wie der Elefant zur Maus. Wenn man die zuverlässigen und geschichtlichen Zeugnisse überblickt, so kommt man zu dem bestimmten Schluß, daß das Eiland, soweit historische Nachrichten zurückreichen, immer nur eine kleine, stark isolierte Insel mit einer geringen Bewohnerzahl gewesen ist.

Daß der Umfang der Insel allmählich abnimmt und daß einmal eine Zeit kommen muß und wird, in der die Meeresfluten ungehindert über den Boden Helgolands dahinrollen werden, das ist jedoch sicher. Der Verwitterungsprozeß am Gestein, hervorgerufen durch Frost, Sonnenwärme und Niederschläge, unterstützt ferner durch die Thätigkeit gewisser Meerestange (Laminarien) nagt unaufhaltsam an den Wänden und Klippen des Eilands, und die zerstörende, am roten Felsen und seinen Riffen stetig anprallende Brandungswelle übt eine noch vernichtendere Wirkung daran aus. Wann das aber geschehen wird, das läßt sich in präzisen Zahlen nicht ausdrücken. Der Zukunft mag's vorbehalten bleiben, und

Abb. 134. Strand von Wangeroog, mit Seezeichen und Giftbude.
(Nach einer Photographie von Römmler & Jonas in Dresden.)

zweifelsohne werden noch Jahrtausende darüber hingehen bis zu dem Zeitpunkte, an dem die letzte Felsenklippe Helgolands in die Wogen hinabgestürzt sein wird.

Noch im siebzehnten Jahrhundert verband ein Steinwall, „de Waal", die Düne mit dem Unterlande Helgolands, so daß dadurch je ein nach Norden und Süden geöffneter, halbkreisförmiger Hafen gebildet war. Im Zusammenhang mit der Düne war ferner der in ihrem Nordwesten belegene Klippenzug des Wite Klif. Um 1500 soll dieser weiße Gipsfelsen noch so hoch gewesen sein, wie die Hauptinsel selbst; er verlieh der Düne und dem Steinwall den nötigen Schutz vor dem Ansturm der Wellen, zumal die Hauptströmung des Meeres von Nordwesten her eindrang. Nicht die stark brandenden Wogen tragen aber die Schuld an der allmählichen Zerstörung des Wite Klif allein, sondern die Bewohner Helgolands selbst, indem sie Stücke von dem Felsen abtrugen und verkauften. Die alte Bolzendahlsche Chronik der Insel verzeichnet im Jahre 1615 unter anderen Begebenheiten auch noch den Umstand, daß „die Gips oder weiße Kalksteine hier bey Lande bei der Wittklippe häufig vorhanden gewesen und hat man die Last von zwölf Heringtonnen allhier verkauft vor 5 Pfund". Am 1. November 1711, des Nachmittags um drei Uhr, wurde der letzte damals noch vorhandene Rest des Wite Klif, „so bey zwölf Jahren noch als ein Heuschober gestanden, durch eine hohe Fluth bey N. W. Wind vollends ungeworfen und absorbiert". Nach der Vernichtung des Felsens, an den heute nur die bei tiefer Ebbe aus dem Meere hervorragende Klippe erinnert, hielt der schmale Steinwall den Andrang der Wogen nicht mehr lange aus. Ein „rechter Haupt-Sturm und hieselbst ein ungemein hohes Wasser mit so grausamen Wellen, daß auch einige Häuser und Buden bey Norden dem Lande wegspülten", riß am Sylvesterabend und dem darauffolgenden Neujahrstag gegen zwei Uhr den Steinwall zwischen dem Lande und der Düne durch, „und war beynahe ein ganzes Jahr ein Loch darin, daß man allemal mit halber Fluth mit Giollen und Chalupen durchfahren konnte".

Damit war die Düne für immer vom Hauptteiland getrennt. Die andringenden Wogen schwemmten die Geröllmassen und

den Schutt des Steinwalls an das Unterland an, welches dadurch bedeutend vergrößert wurde, so daß am Strande neue Häuserreihen entstehen konnten. Dagegen nahm die Düne besonders im Norden und Osten ab, und das blieb in der Folgezeit lange so, bis vor etwa 30 Jahren eine allmähliche Versandung der nordöstlichen Klippen und eine Änderung in der Strömung eintrat, die seither eine Verringerung der Düne im Westen und eine Zunahme im Osten bedingte. Besonders die Breite der Düne hat sich in der letzten Zeit vergrößert, wie ihre Gestaltung denn abhängig ist von Meeresströmung und Windrichtung, indem Nordostwinde sie verkleinern, Südwestwinde dagegen zunehmen lassen.

Helgolands Flora stimmt, wie auch diejenige der übrigen nordfriesischen Inseln, mit dem Pflanzenteppich der cimbrischen Halbinsel im großen und ganzen völlig überein. Doch fehlen die Heidepflanzen hier völlig.

Sämtliche Holzpflanzen sind von Menschenhand an geschützten Orten angepflanzt worden; in vergangenen Jahrhunderten war die Insel baumlos. In der Gegenwart zeigt Helgoland verschiedene, teilweise recht schöne Bäume, so den alljährlich reife Früchte tragenden, im Jahre 1814 gepflanzten Maulbeerbaum im Garten des Pastors, die Ulmen mit $1\frac{1}{2}$ Fuß Stammesdurchmesser am Fuße der Treppe, die Ahornbäume am Siemensterrasse im Unterland und noch andere mehr. Auf dem Oberlande, in der Nähe des Armenhauses, dem „langen Jammer", ist der größte Blumengarten der Insel, eine Gärtnerei, in der neben vielen anderen Zierpflanzen jährlich 4000 Rosenstöcke zur Blüte gelangen. Einen Beweis der Vorliebe der Helgoländer für blühende Blumen geben die zahlreichen Blumenstöcke und die zierlichen Gärtchen ihrer schmucken Häuser. Bekannt ist der „Kartoffelallee" benannte Spazierweg auf dem Oberland, so benannt nach den an seinen beiden Seiten befindlichen Kartoffelfeldern. Daneben wird noch etwas Klee, Gerste und Hafer gebaut. Den Rest des Oberlandes nehmen Wiesen ein. Bei Niedrigwasser zeigen sich rings um das Eiland weite, submarine Wiesen, von grünen, roten und braunen Algen und Tangen bedeckt.

Ebensowenig, wie das auf den übrigen

Nordseeinseln der Fall sein soll, kommen
Maulwürfe oder Spitzmäuse auf Helgoland
vor. Auf der Sanddüne haben früher
Kaninchen in großer Anzahl ihr Unwesen
getrieben. Durch Unterwühlen und Ab-
fressen der Pflanzen thaten sie großen Schaden,
so daß, wie Hallier berichtet, 1866 die
Sandinsel geradezu ihres Vegetationskleides
beraubt war. In der Gegenwart dürften
die kleinen Tiere dort wohl vollständig
ausgerottet sein. Haustiere, so Kühe und
besonders Schafe, werden von den Bewohnern in dem für ihren und ihrer Badegäste Lebensunterhalt erforderlichen Verhältnis gehalten. Bei dem in verflossenen
Tagen auf dem Oberlande betriebenen Korn-
bau sollen auch Pferde verwendet worden sein.

einen Hauptanteil hat. Bei jeder Bewegung,
beim Ruderschlag, beim Hineinwerfen von
Steinen ins Wasser, im Kielwasser des
Bootes und auf den Kämmen der sich über-
stürzenden Wellen funkelt und erglänzt das
Meer in phosphorischem Scheine.

Helgoland besitzt ein ausgeprägtes gleich-
mäßig mildes Seeklima und weist infolge-
dessen im Spätherbst und Winteranfang
(November, Dezember und Januar) eine
höhere Durchschnittstemperatur auf, als
Bozen, Meran, Montreux und Lugano. In
diesen erwähnten Monaten ist die Insel, mit
zahlreichen, wahrscheinlich sämtlichen Städten
Deutschlands verglichen, der wärmste Ort.
Der Herbst ist warm, der Winter mild, das
Frühjahr kalt, der Sommer kühl.

Abb. 135. Spiekeroog.

An Zugvögeln ist Helgoland besonders
reich, und über 300 Vogelarten statten im
Früh- und Spätjahr auf ihren Wander-
zügen der Insel ihren Besuch ab. Unter
ihnen finden sich zuweilen seltene Formen,
sogar solche aus Sibirien und Nordamerika.
Möven, Taucher, Seeschwalben und Strandläufer beleben das Eiland, auch Sperlinge
fehlen nicht, und auf einem Felsen an der
Nordküste, dem Lummenfelsen, brüten die
Lummen, nordische Tauchervögel, die vom
Februar bis Ende August auf Helgoland
erscheinen. Die Meeresfauna ist eine überaus reichhaltige, und an schwülen August-
abenden rufen hier die zahlreich im oceani-
schen Wasser vorhandenen Mikroorganismen
die Erscheinung des Meeresleuchtens besonders schön hervor, woran das funkelnde
Leuchtbläschen (Noctiluca scintillans) wohl

XIII.

Die Marschlande am linken Elbufer.

Ein breites Band fetter Marschländereien begleitet die linke Seite der Elbe von
dem aufblühenden Harburg, das durch gewaltige Elbbrücken mit Hamburg verbunden ist (Abb. 100), an bis an die Mündungen des Stromes in die See. Da ist
zuerst vom Amte Moorburg an bis an
das Ufer der Schwinge das Alte Land,
von den Schwingemündungen bis zu denjenigen der Oste das Land Kehdingen,
dann an der Oste die Ostemarsch, als
schmaler, sich südlich in die Geest hinein-
ziehender Landstreifen zwischen Kehdingen
und dem Lande Hadeln. Dieses grenzt
seinerseits an das Land Wursten, das wir

Abb. 136   Dorfstraße in Spiekeroog.

bei Besprechung der Marschen auf dem rechten Weserufer kennen lernen werden.

Das Alte Land betreibt den Obstbau im großen und im Frühjahr, wenn die zahllosen Kirschen-, Zwetschen- und Apfelbäume in Blüte stehen, bietet es ein Landschaftsbild von besonderer Pracht dar. Alle Häuser sind umgeben von den eben genannten Obstbäumen, zwischen denen auch Walnuß- und Birnbäume in geringerer Menge zu sehen sind, und wo nur ein Fleckchen frei ist, selbst auf den Deichen, werden dieselben bepflanzt. Der Export des gewonnenen Obstes ist ein ungemein bedeutender und geht neben Hamburg besonders in den Norden, so nach Dänemark, Schweden und Norwegen und nach Rußland, selbst nach London. Daneben werden Ackerbau und Viehzucht nicht vernachlässigt, von welchem etwa die Hälfte der Bevölkerung lebt, — in Bezug auf das Großvieh nimmt das „Alte Land" eine bedeutende Stellung ein — ebenso wird in einzelnen Gegenden viel Gemüse, unter anderem besonders Meerrettich kultiviert. Die Einwohner sind eingewanderte Niederländer, höchst wahrscheinlich Flamländer und die lebendigsten und rührigsten sämtlicher Marschbewohner. Ihre Frauen und Mädchen gelten als die schönsten und zierlichsten der Marschlande überhaupt. Ihre eigenartig eingerichteten Häuser mit dem farben-

und formenreichen Vordergiebel, die Wahrzeichen an denselben, zwei Schwäne darstellend, deren jeder sich in die Brust beißt, ihre schön gepflegten Hausgärten und kleidsame aber mehr und mehr in Abgang kommende Tracht, sowie eine Anzahl besonderer Gebräuche und Sitten unterscheidet die Altenländer scharf von ihren sächsischen Nachbarn.

Das Alte Land — der Sitz seines Amtsbezirkes ist Jork mit Amtsgericht und Superintendenten — wird von der unterhalb Buxtehude in dasselbe eintretenden Este und von der Lühe durchflossen. Am östlichen Rande des Alten Landes liegt das gewerbreiche Buxtehude an der schiffbaren Este. Die Stadt, welche vor Zeiten Mitglied des Hansabundes gewesen ist, zählt gegenwärtig an 3600 Einwohner. Ihre drei Thore, das Marsch-, Geest- und Moorthor, lassen die Lage der Stadt sofort erkennen, doch ist sie selbst auf Moorboden erbaut. Schöne Laubwaldungen befinden sich auf der nahen Geest und tragen dazu bei, Buxtehude zu einem hübschen Aufenthaltsort zu stempeln. Schon im siebzehnten Jahrhundert ist es „eine feine und lustige Stadt" genannt worden, ein Ehrentitel, den sie, wie man sagt, heute auch noch verdienen soll. Buxtehude liegt an der Bahnlinie von Harburg nach Cuxhaven, die sich bis Kadenberge teils dem Geestrande entlang zieht, teils auf dieser selbst erbaut ist und erst von dort ab die Marsch des Landes Hadeln durchquert. Diese Bahnlinie berührt nördlich von Buxtehude das ebenfalls am Geestrande erbaute Horneburg an der Lühe mit einer vorwiegend Ackerbau treibenden Bevölkerung.

In großem Gegensatze mit dem obstreichen Alten Lande steht das Land Kehdingen mit seiner ausgedehnten Wiesen- und Weidenwirtschaft und seinen gut be-

netten Adern. Dieses lange, aber ziem
lich schmale Marschgebiet wird von hohen
Deichen umsäumt, denen es auch seinen
Namen verdankt. Kehdingen von Kaje
Deich bedeutet ein gedeichtes Land. Säch
sische Stämme haben vom Geestrücken bei
Kadenberge her den Norden und von Stade
aus den Süden besiedelt, Friesen sind
später, von den Erzbischöfen zur Urbar
machung des Moor- und Buschlandes her
beigezogen, dazu gekommen. Die Be
völkerung treibt Viehzucht, in neuerer Zeit
auch Pferdezucht, und Ackerbau, der des
schwer zu pflügenden Bodens wegen zwar
mühsam, doch um so lohnender ist. An
den schlammigen Ufern der Elbe wächst viel
Rohr, hier Reet oder Reit genannt, das ge
wonnen und zur Bedachung der Häuser ver
wendet wird. Auch Weiden werden gepflanzt
und zu gewerblichen Zwecken verbraucht.

Der Mittelpunkt des Amtsbezirkes ist
Freiburg, das durch das Freiburger Tief,
einen zwei Meter tiefen Kanal, mit der
Elbe in Verbindung steht. Die Ortschaften
liegen entweder langgestreckt an der das
Land der Länge nach durchziehenden Land
straße, so Assel, Neuland, Hammelwörden
u. s. f., die jede mehr als 1000 Ein

wohner besitzen, oder auch am Rande des
Kehdinger Moores, welches Kehdingen im
Westen vom eigentlichen Geestrücken trennt.

Am Südrande dieser Moorbildung,
auf einem Ausläufer der Geest gegen die
Marsch treffen wir Stade an der schiff
baren Schwinge mit über 10000 Ein
wohnern, Hauptstadt des Regierungsbezirks
und des Herzogtums Bremen, ehemals ein
bedeutender Handelsort und Hansestadt.
Stade hat viel industrielles Leben, Cigarren
fabrik, Eisengießereien, Maschinenfabriken
und betreibt Fischerei und Schiffahrt. Es
ist Station der Eisenbahnlinie Harburg-
Cuxhaven und ferner durch einen weiteren
Schienenstrang von 69 Kilometer Länge
über Bremervörde mit Geestemünde in Ver
bindung. In geschichtlicher Hinsicht ist
diese Stadt durch verschiedene Ereignisse
bekannt geworden, so durch die Belagerung
durch Tilly, dem es sich am 5. Mai 1628
ergeben mußte, durch den großen Brand vom
26. Mai 1659, sowie durch die Belagerung
der Dänen, vor denen es nach heftiger Be
schießung am 7. September 1712 kapitulierte.

Um und in Stade treten Gebilde des
permischen Systems, rote Zechsteinletten, auf,
und fiskalische Bohrungen haben daselbst

Abb. 147. Spiekeroog. Teil des Dorfes.

in etwa 180 Meter Tiefe eine sehr ge-
sättigte Sole erschrotet. Gleiches war in
der Nähe, bei Campe, der Fall, wo die
Sole schon bei 162 Meter erschlossen
wurde. An der Mündung der Schwinge
ist die Schwinger Schanze und das Dorf
Brunshausen, wo früher der 1861 ab-
gelöste Stader- oder Elbzoll erhoben worden
ist, und die transatlantischen Dampfer der
Hamburger Linien zu leichtern pflegen.

Die Ostemarsch beginnt mit einer
schmalen Zunge, die südlich bis in die
Gegend von Kranenburg reicht, füllt an-
fänglich den Raum zwischen den Krümmungen
des Flusses aus, um sich dann allmählich
zu verbreitern, indem sie sich auf dem
rechten Ufer schneller entwickelt, als auf
dem linken. Zahlreiche Ortschaften, darunter welche mit mehr als 1000 Bewohnern (Hüll, Altendorf, Isensee u. s. f.),
teils am Rande der Geest, teils im
Marschland selbst belegen, gehören zu diesem
Gebiet, das bei Neuhaus an die Elbe tritt
und durch den Hadeler Kanal vom Lande
Hadeln geschieden wird. Ackerbau und
Viehzucht bilden die Haupterwerbszweige
der Bewohner. Die untere Ostemarsch
hat Neuhaus an der Oste (mit etwa 1500
Seelen) mit lebhafter Schiffahrt zum Hauptort, die obere Ostemarsch bildet einen
eigenen Amtsbezirk mit Oste (etwa 850 Einwohner) als Mittelpunkt.

Vor Ablagerung der Marsch war das
heutige Land Hadeln zum größten Teile
ein tief in die Geest hineinschneidender
Meerbusen zwischen Wingst und Hoher-Lieth.
Allmählich wurde derselbe von Schlick aus-
gefüllt, und nur in der Innenseite, welche
bei der Marschbildung immer niedriger
bleibt, erhielt sich das Wasser, und in ihr
bildete sich das ausgedehnte Moor, welches
Hadeln im Süden bedeckt. Das abgelagerte
Marschland hat die Gestalt eines Dreiecks,
dessen Grundlinie nach der Elbe zu, dessen
Spitze aber im Süden liegt. Der nach
dem Flusse zu sich erstreckende Teil der
Marsch ist höher als das innere Gebiet,
und so unterscheidet man das äußere
„Hochland" von dem inneren „Sietland"
(Niedrigland), die beide heute noch politisch
getrennte Gebiete bilden. Letzteres, an der
Grenze der Moore mit ihren Seen belegen,
war im Winter stets Ueberschwemmungen
ausgesetzt und drohte zu versumpfen, da

die beiden Flüsse, die Aue und die Gösche,
es nicht hinreichend entwässern konnten. Um
dem Abhilfe zu schaffen, wurde von 1854
bis 1856 der Hadeler Kanal gegraben, der
nach Norden mit der Elbe in Verbindung
steht, und 1860 begann man den Geeste-
kanal zu schaffen, der nach Süden zur
Geeste verläuft. Beide Kanäle haben ihren
Ausgang im Bederkesaer See. Durch eine
große Schleuse ist der Kanal mit der Medem
in Verbindung, welche nördlich von Oster-
Ihlienworth aus der Vereinigung der Gösche
und Aue entsteht und in vielen Krümmungen
den Deich erreicht. Die „torfgefärbte
Mäme" hat der Dichter J. H. Voß diesen
Fluß genannt. Geeste- und Hadeler Kanal
sind zusammen 43,5 Kilometer lang und
dienen neben den Zwecken der Entwässerung
des Landes auch der Schiffahrt, da sie bei
gewöhnlichem Wasserstande 1,5 Meter Tiefe
besitzen, so daß Schiffe bis zu 16 Tonnen
von der Elbe zur Weser gelangen können.
Durchschnittlich wird diese Wasserstraße
jährlich von 700—800 Fahrzeugen benützt.

Die ausgedehnten Moorländereien des
Südens (20,8% des Gesamtareals von Hadeln) sind nur teilweise entwässert und in
Kultur genommen und werden nur zum Torf-
stich benützt. Das Wasser aus dem Wester-
moor führt die unterhalb Altenbruch in die
Elbe fallende Bracke ab, das Wannaer Moor
entwässert die Emmelke, ein Nebenfluß der
Aue. An das letztgenannte Moor grenzt
die kleine gleichnamige Geestinsel mit dem
Kirchspiel Wanna, aus leichtem, mit Heide-
kraut bewachsenem Sandboden bestehend.
Der Boden der Hadeler Marsch selbst ist
nicht so schwer, als derjenige Kehdingens und
darum zum Ackerbau auch sehr geeignet. Sein
Untergrund besteht aus einem kalkreichen
Schlick, der aus der Tiefe an die Ober-
fläche gebracht und mit Dünger und Acker-
krume vermischt, dem Boden eine besondere
Ertragsfähigkeit gibt. Man nennt diese
Bodenumarbeitung das Kuhlen; trotz seiner
Kostspieligkeit trägt es reichlich Zinsen.
Die Viehzucht tritt in Hadeln zurück, da-
für blüht der Ackerbau um so mehr, und im
Sommer ist das Marschland von einem
Ende zum anderen ein prächtig wogendes
Saatenmeer. Raps, Weizen und Roggen
bilden den Hauptbestand der Felder.

Hadelns Bewohner sind rein sächsischen
Stammes, und unter allen Marschen hat die-

Abb. 138. Langeoog, von der westlichen Kaapdüne gesehen.

ses Land seine Eigentümlichkeiten und Freiheiten (Hadelnsche Provinzialstände u. s. f.) am treusten bewahrt. Politisch zerfällt das Land in drei Verbände, in die Stadt Otterndorf, Kreisstadt und Amtsgericht, der Mittelpunkt des Landes, in dem sich Hadelns Handel und Verkehr vereinigt, in das Hochland und in das Sietland. Otterndorf, ein altmodisches, aber freundliches Landstädtchen, in das noch vor einigen Jahrzehnten ein altes Burgthor führte, geschmückt mit dem lauenburgischen und dem Stadtwappen, einer Otter (Fischotter) über dem sächsischen „Rautenkranze“, wie Allmers schreibt, hat eine höhere Bürgerschule, die früher als Progymnasium existierte, und an welcher der Dichter Johann Heinrich Voß einst Prorektor gewesen ist. Die einzelnen Ortschaften,

— die Wohnung ländlicher Freiheit,
Durch die Gefilde verstreut, jede von Eschen begrünt —

Abb. 139. Langeoog, Abtei und Blick auf die Nordsee.

liegen auf einen weiten Raum verteilt, die größeren Höfe vereinzelt. Noch mehr Bewohner, als Otterndorf (etwa 1760 Seelen) zählt die Gemeinde Altenbruch (2200 Seelen) mit der ältesten und bedeutendsten, einen berühmten Altarschrein aus dem Anfang des sechzehnten Jahrhunderts bergenden zweitürmigen Kirche. Neben Altenbruch sei hier noch Lüdingworth, der Geburtsort des bekannten Reisenden Karsten Niebuhr, erwähnt.

XIV.

Das Geestland zwischen Unterelbe und Unterweser.

Die im vorigen beschriebenen Marschlande am linken Elbufer umschließen zusammen mit den im folgenden Abschnitte zu besprechenden Marschen von Osterstade, Wührden, Vieland und Wursten ein weites und großes Areal, das zum allergrößten Teile den ehemaligen Herzogtümern Bremen und Verden angehört hat und in der Gegenwart der Hauptsache nach unter der Verwaltung der Landdrostei resp. des Regierungsbezirkes Stade steht.

Das Teufelsmoor und die ausgedehnten Moore an der Oste trennen das Geestland unseres Areals in zwei Hälften, in eine östliche und in eine westliche, die durch einen schmalen Arm bei Bremervörde, etwa im Mittelpunkt des Landes miteinander in Verbindung stehen. Im Nordosten reicht der östliche Teil bis an die Elbmarschen, westlich wird derselbe vom Teufelsmoor und dem mittleren Thal der Oste begrenzt. Wir unterscheiden in seinem Gebiet verschiedene scharf ausgeprägte Rücken, so denjenigen von Zeven im Süden, am Oberlaufe der Oste, in der Mitte den Rücken von Harsefeld, und nördlich von diesem und durch die Schwinge getrennt, denjenigen von Himmelspforten.

Bei Bremervörde durchbricht die Oste das auf 3,5 Kilometer zusammengedrängte Verbindungsglied der östlichen und westlichen Hälfte. Letztere tritt im Süden und im Westen an den Weserstrom, während ihr nördliches Ende im Amte Ritzebüttel die Elbe erreicht und hier auf kurze Strecke die Deiche überflüssig macht. Ein schmaler Rücken, vom Verbindungsraume bei Bremervörde ausgehend, zieht zwischen dem langen und großen Moore hin und teilt sich wieder in die Hügelgruppen des Westerbergs und der Wingst; letztere bildet in den sie umgebenden Marschen eine weithin sichtbare Marke. Ein zweiter Zug folgt beiden Seiten der Geest; sein süd-

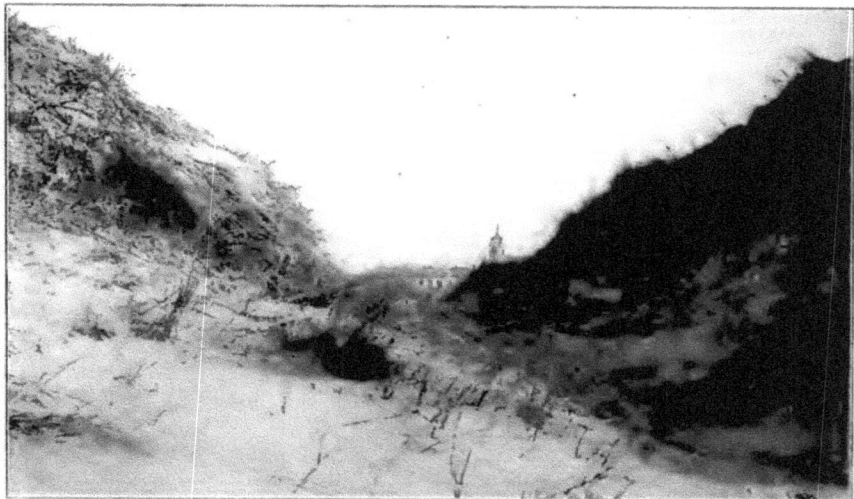

Abb. 146. Langeoog-Dünen mit Blick auf das Dorf.

Abb. 111 Langeoog, Badestrand und Badewärter.
(Nach einer Photographie von A. Overbeck in Düsseldorf.)

licher Teil dacht sich allmählich zum Vie-
lande hin ab, der nördliche hingegen kehrt
sich zwischen Geest und den Hadeler
Mooren nach Norden und endet mit Sand-
dünen an der äußersten Landesspitze. Als
öder Heiderücken der Hohen Lieth scheidet
er Hadeln von Wursten. Südlich von
der Lüne endlich, zwischen dem Teufelsmoor und der Weser ist ein weiterer Geestrücken entwickelt, der von Süden an in Höhe
zunimmt und die Garlstedter
und Brundorfer Heide trägt.
Er fällt im Süden steil
in das Thal der Lesum
und Weser ab, letztere dadurch zur westlichen Richtung zwingend.

Das Land bildet eine
10—20 Meter hohe, von
zahlreichen Bächen und Flüssen durchflossene leichtwellige
Ebene, deren höchste Punkte
80 Meter nicht erreichen
(Camper Höhe bei Stade
24 Meter; Litberg bei Sauen-
siek auf dem Harsfelder
Rücken 65 Meter; Lohberg
auf dem Rücken von Himmel-
pforten 42 Meter; Wingst
74 Meter; Hohe Lieth bei
Altenwalde 31 Meer; höch-
ster Punkt der Garlstedter
Heide 45 Meter).

Im Gebiete des Regie-

rungsbezirkes Stade
werden 183576 Hek-
tare oder 28% der
Gesamtfläche des Lan-
des von Mooren be-
deckt (der Regie-
rungsbezirk Osnabrück
enthält deren nur
20,5% und der von
Aurich 24,6% seines
Areals). Kein einziger
Amtsbezirk unseres
Areals ist ohne Moore,
die im Amte Lilien-
thal an der Grenze
des Bremerlandes
80% des Flächen-
inhalts ausmachen, da-
gegen in anderen, so
im Amte Jork, nur
wiederum 0,7%. Die Moore, die sich
zwischen Marsch und Geest oder auch
zwischen zwei Marschgebieten hinziehen,
nennen wir Randmoore. Es sind größtenteils Grünlands- resp. Wiesenmoore, mit
scharfem Absatz gegen die Geest, aber nur
allmählich durch „anmooriges Land“, welches
meist tiefer liegt als das Moor und die
Marsch, in diese übergehend. Hierher zu
rechnen sind das Altenländer Moor, das

Abb. 112. Langeoog. Neutraler Strand mit der gestrandeten
„Aurora“.
Nach einer Photographie von A. Overbeck in Düsseldorf.

Kehdinger Moor, die unteren Oste-Moore, die Hadeler Moore, die Osterstader Moore. Moore, die sich in Niederungen oder auf beinahe horizontal liegenden Flächen der Geest gebildet haben, bezeichnet man als Binnenmoore. Es sind fast nur Hochmoore. Als Beispiel dieser auf unserem Gebiete sehr verbreiteten Moore möge der größte hierher gehörige Moordistrikt dienen, das Teufelsmoor, das sich nördlich von dem flachen Bremer Gebiet keilartig in die Geest hineinschiebt.

Die von Holland zu uns herübergekommene Art der Moornutzung, das Moorbrennen oder die Moorbrandkultur, deren Wirkungen sich im weiten Umkreise durch den Moor- oder Höhenrauch in so unangenehmer Weise bemerkbar machen, hat sehr wenig segenbringend gewirkt, und da, wo solche Hochmoorsiedelungen lediglich auf Grundlage des Moorbrennens angelegt wurden, ohne vorherige Aufschließung der Moore durch Kanäle und Wege u. s. f., verfielen dieselben meist schon nach kurzer Zeit dem allergrößten Elend.

Dagegen hat eine zweite Form der Hochmoorkultur, gleichfalls holländischer Herkunft, sehr segensreich gewirkt, die Fehnkultur oder Sandmischkultur, welche den Zweck hat, die unter den Torfmooren befindlichen Landflächen urbar und der Kultur zugänglich zu machen. Es kommt dabei auch darauf an, den abgegrabenen Torf zu verwerten und ihm billige Transportwege zu eröffnen, und zu diesem Behufe legt man von dem zunächst befindlichen Wasserlaufe Kanäle in das Moor hinein an, die mit Schiffen befahren werden können, die Fehnkanäle, an die sich wiederum im Laufe der fortschreitenden Unternehmung Seiten- und Parallelkanäle anschließen. Durch dieses Netz von Wasserstraßen wird außerdem noch für die notwendige Entwässerung des in Fehnkultur begriffenen Areals gesorgt. Die abgetorften Ländereien werden mit Seeschlick, mit Kleierde, mit Sand und mit Dünger bedeckt und dann bebaut.

Die Fehnkultur ist um den Anfang des siebzehnten Jahrhunderts in Holland zuerst aufgekommen, und im Jahre 1630 brachte der Graf Landsberg-Velen diese Art der Moorbebauung bereits in Anwendung auf deutschem Boden, indem er die Kolonie Papenborg, das heutige Papenburg, anlegte,

eine aufblühende Stadt im Regierungsbezirk Osnabrück, mit etwa 7000 Einwohnern, dem Muster einer Fehnkolonie. Die deutschen Fehnkanäle haben zur Zeit eine Gesamtlänge von 195,8 Kilometer.

Fehnkolonien befinden sich besonders in Ostfriesland und im Oldenburgischen. In einem gewissen Gegensatz zu denselben stehen die Moorkolonien, die nicht die Bebauung des Mooruntergrundes, sondern der Mooroberfläche selbst als Endzweck haben. Das preußische Landwirtschafts-Ministerium hat es als eine seiner vornehmsten Aufgaben erachtet, die Moorkultur immer mehr und mehr thatkräftig zu fördern. Zu diesem Zweck wurde von dieser Behörde in Bremen eine Moorversuchsstation gegründet, welche durch wissenschaftliche Forschungen die Eigenschaften und Eigenarten des Hochmoorbodens feststellen und zugleich durch praktische Versuche in den Mooren selbst neue Hilfsmittel für die Hochmoorkultur schaffen soll. An den verschiedensten Stellen des Areals zwischen Elbe und Weser und Ostfrieslands sind neue Moorsiedelungen unter der Leitung der Regierung entstanden, und im letztgenannten Lande ist diesen Unternehmungen die Erschließung der weiten Flächen durch den Ems-Jahde- und den Süd-Nord-Kanal sehr zu statten gekommen. Im Jahre 1890 bestanden im deutschen Flachlande westlich der Elbe (Regierungsbezirk Stade, Osnabrück und Aurich, sowie Oldenburg) bereits über 250 Moorkolonien von 55000 Hektaren Gesamtareal und mit 60000 Einwohnern. Das Gebiet von Waakhausen am südlichen Ufer der Hamme zeichnet sich durch sein weit und breit bekanntes „schwimmendes Land" aus. Es ist dasselbe ein Grünlandmoor von und solider Beschaffenheit, an seiner Oberfläche mit einer festen Borke versehen, die aus verfilztem Wurzelgeflecht besteht, aber eine Verbindung mit dem Untergrunde noch vermissen läßt. Die zwischenliegende Schicht ist ein schlammiger Moorboden, der sich mit steigendem Wasser ausdehnt und die obere Schicht, solange sie nicht zu schwer ist, hebt. Bei eintretendem niedrigen Wasserstand senkt sich das Moor wieder und das Land erhält seine frühere Lage zurück. Die Häuser auf dem schwimmenden Lande sind auf Wurten gebaut, die auf dem festen Untergrunde

Abb. 113. Baltrum, Ostdorf.
(Nach einer Photographie von A. Overbeck in Düsseldorf.)

aufgeschüttet sind, und infolge des wechselnden Wasserstandes bald auf Hügel erbaut zu sein, bald in Vertiefungen zu stehen scheinen, da sie von den Hebungen und Senkungen des schwimmenden Landes ja selbst unberührt bleiben. Da aber auch der Untergrund, der die Wurten trägt, nicht sehr fest ist, und diese letzteren erst mit der Zeit beständiger werden, so senken sich oftmals die auf neuen Wurten erbauten Häuser oder sie werden schief und müssen dann geschroben werden, meistens alle zehn Jahre. Darum sind alte Wurten gesuchte Grundstücke. Ähnliche schwimmende Ländereien haben auch das Altländer Moor (bei Dammhausen) und das Oldenburger Land an verschiedenen Stellen aufzuweisen.

Nahe bei Waakhausen liegt das Malerdorf Worpswede, von dem im nächsten Abschnitt noch etwas eingehender die Rede sein wird.

Südlich der Hamme trifft man ein weites Niederungsgebiet, das St. Jürgens-Land, ein großes Wiesenmoor, das von mehreren Kanälen und zahllosen Gräben durchzogen wird, aber auch stellenweise größere Wasserflächen neben einer Unmenge von „Braaken und Kuhlen" besitzt. Es ist 4569 Hektare

Haas, Nordseeküste.

groß. Vom Oktober bis April ist das Land meist überschwemmt, und selbst im Sommer treten zuweilen noch Überflutungen ein. Das Leben der Bewohner hat sich den Verhältnissen angepaßt, und der Verkehr zwischen den einzelnen Wurten geschieht fast nur zu Boot. Die das Land durchquerende Landstraße ist im Winter meist nicht zu benutzen.

Die zahlreichen Wasserläufe, welche das hier besprochene Gebiet durchziehen, haben wir zum größten Teil schon da und dort kennen gelernt. Im Südosten tritt die Este in unser Gebiet, der weiter nördlich die Horneburg bespülende Lühe, in ihrem Oberlauf Aue genannt, folgt, hierauf die durch den Elmer Schiffgraben mit der Oste in Verbindung stehende Schwinge, die Oste und die aus Aue und Gösche entstandene Medem. Diese alle sind der Elbe tributpflichtig. Im Westen, als Nebenflüsse der Weser, treffen wir die Geeste, die Lüne und die Drepte und noch weiter südlich die Lesum, wie die Vereinigung der aus dem Moorlande herauskommenden Hamme mit der langen, unser Areal im Süden begrenzenden Wümme heißt. Größere Wasserbecken weist der Nordwesten und Norden

Abb. 114. Baltrum, Westdorf.
(Nach einer Photographie von A. Overbeck in Düsseldorf.)

Abb. 145. Baltrum, Pfahlwerk in Sturmflut.
(Nach einer Photographie von A. Overbeck in Düsseldorf.)

des Landes zwischen Elbe und Weser auf, so den Balksee, dem der Nemperbach das Wasser des nördlichen Westerberges und der südlichen Wingst zuführt. Seine öde, unwirtliche und schwer zugängliche Umgebung hat ihn beim Volke zum Schauplatz schauriger Sagen gestempelt. Durch schöne Waldungen und liebliche Umgebung ist die See von Bederkesa ausgezeichnet, die Dahlemer, Halemmer und Flögelner Seen sind mit der Hadelner Aue verbunden, in der Nähe des Hymensees war im Mittelalter ein berühmter Falkenfang.

Neben den Gebilden des Diluviums und Alluviums, welche der Hauptsache nach den Boden des Landes zwischen Unterelbe und Unterweser bilden, treffen wir noch einige ältere Formationsglieder in unserem Gebiete an. Der Zechsteinletten von Stade ist bereits Erwähnung gethan worden. Am Südostrande des Wingst, bei Hemmoor, treten die Schichten der oberen weißen Kreide auf, welche daselbst die Veranlassung einer bedeutenden Cementfabrikation geworden sind, neben verschiedenen tertiären Sedimenten (eocäner Thon u. a. m.). Tertiäre Ablagerungen sind noch da und dort im Lande zerstreut.

Die wichtigeren Niederlassungen im Osten des Landes sind bereits aufgeführt worden. Von den Ortschaften im Inneren ist das beinahe central gelegene Bremervörde an der Oste, 1852 zur Stadt erhoben, die bedeutendste. Es lebt hauptsächlich von Ackerbau. Doch treibt es auch etwas Handel. Die Flut der Oste steigt bis hierher, so daß Bremervörde für die Elbschiffe zugänglich ist, die besonders Holz aus den benachbarten größeren Waldungen und Torf verfrachten und hauptsächlich in Hamburg absetzen, jährlich etwa 4500 Ewerladungen Torf und an 300 solcher mit Holz. Die Einwohnerzahl beträgt etwa 2920 Seelen. Zeven im Süden, ehemals Sitz eines Nonnenklosters vom Orden St. Benedikts, hat etwas über 1250 Bewohner. Es wird in der Kriegsgeschichte Niedersachsens oftmals genannt und ist durch den hier zwischen dem Herzog von Cumberland und dem Herzog von Richelieu am 8. September 1757 abgeschlossenen Vertrag (Konvention von Kloster Zeven) noch besonders bekannt geworden. Bederkesa, durch einen Schienenstrang mit Lehe verbunden, am gleichnamigen, schon weiter oben erwähnten See, mit einem Lehrerseminar, hat gegenwärtig etwa 1300 Einwohner. Reger Fabrikbetrieb und große industrielle Thätigkeit entfaltet das an der Süderelbe belegene, rasch aufblühende Harburg. Die gegenwärtig von 49000 Seelen bevölkerte Stadt hat einen bedeutenden Schiffahrtsverkehr: mehr als 700 Seeschiffe laufen jährlich im Harburger Hafen ein. Die Bahnlinie Hamburg-Hannover-Cassel berührt Harburg und überquert die zwischen dieser Stadt und Hamburg dahinziehenden beiden Elbarme auf zwei großen eisernen Brücken. Harburg ist ferner Knotenpunkt für die Linie nach Curhaven und nach Bremen. Letztere ist 114,5 Kilometer lang und führt über Buchholz und den im dreißigjährigen Kriege vielgenannten Flecken Rotenburg (2350 Einw.). Die Curhavener Bahn ist besonders wichtig, seit sie von Stade und von Curhaven Verbindung mit Bremerhaven hat. Die Lande am rechten Weserufer mit ihren Städten, Flecken und Dörfern werden wir im Anschluß an die Beschreibung von Bremen im folgenden Abschnitt kennen lernen.

XV.

Bremen und die Marschlande am rechten Ufer der Weser.

Das Gebiet der freien Handelsstadt Bremen umfaßt ein Areal von 255,56 Quadratkilometer, von denen 23,12 Quadratkilometer auf die Stadt selbst, 226,33 Quadratkilometer auf das Landgebiet des Freistaates fallen. Letzteres gliedert sich in das Blockland im Nordosten, in das Hollerland im Osten, in das Werderland im Nordwesten und das Niedervieland im Westen. Im Süden der Stadt liegt dann noch das Obervieland. Der Boden des Freistaates besteht aus Geest und aus Marschland, im äußersten Nordwesten nimmt auch Hochmoor an dessen Zusammensetzung teil.

Bremens Lebensader ist die Weser (Oberweser von Münden bis Bremen, Unterweser von Bremen bis Bremerhaven, Außenweser von Bremerhaven bis zur eigentlichen Mündung, den untersten Flußtrichter begreifend). Früher konnten nur flachgehende Fahrzeuge nach Bremen hinaufgelangen. Da der Tiefgang der Schiffe mit der Zeit zunahm, die Versandung des Weserstroms aber stärker wurde, so entstand im siebzehnten Jahrhundert der Hafen von Vegesack, 17 Kilometer stromabwärts von Bremen, aber schon bald darauf mußten größere Fahrzeuge noch weiter unterhalb, in Elsfleth und Brake, vor Anker gehen. Der aufblühende Handel der alten Hansestadt verlangte gebieterisch die Anlage eines geeigneten Hafens für Schiffe mit größerem Tiefgange, und so wurde um das Jahr 1830 ein solcher bei Bremerhaven gebaut, auf den wir später noch zurückkommen werden. Mit der Zeit trat aber der Umstand deutlich zum Vorschein, daß Bremen selbst wieder zum Seehafen werden mußte, wenn es

seine Stellung auf dem Weltmarkt ebenbürtig neben Hamburg, Amsterdam, Rotterdam und Antwerpen behaupten wollte. Nachdem sich Bremen 1884 zum Zollanschluß bereit erklärt hatte, ging man zuerst an die Erweiterung der Hafenanlagen der Stadt. Unter der bewährten Leitung des Oberbaudirektors Franzius erstand so in dem ein Areal von 90 Hektaren umfassenden Freibezirk der 22 Hektare große, 2000 Meter lange, 120 Meter breite und 7,8 Meter tiefe Freihafen mit seinen Verwaltungsgebäuden, Warenschuppen, hydraulischen Kränen u. s. f. Den Hafen umschließt eine große Kaimauer, deren Oberkante 5 Meter über Null, im ganzen 7,2 Meter hoch liegt, eine 5 Meter breite Sohle besitzt und auf einem Pfahlrost steht, der auf 30000 Rundpfählen von großer Stärke ruht. Die Gesamtkosten des Zollanschlusses Bremens an das Reich wurden auf 34,5 Millionen Mark berechnet, wozu das Reich selbst zwölf Millionen beigesteuert hat. Und schon wieder ist Bremen im Begriff, seine Hafenbauten mehr als zu verdoppeln und über 40 Millionen Mark für die Verbesserung seiner Verkehrsanlagen auszuwerfen. Durch die fortgesetzte Korrektion der Unter- und der Außenweser ist dieser Strom nämlich im Begriff, sich zu einer Wasserstraße ersten Ranges zu entwickeln. Die nutzbare Wassertiefe der Unterweser

Abb. 146. Haus in den Dünen von Baltrum.
(Nach einer Photographie von A. Overbeck in Düsseldorf.)

10*

bei gewöhnlichem Hochwasser betrug früher etwa 2,75 Meter. Infolge der nach den Plänen von Franzius ausgeführten und im Jahre 1887 in Angriff genommenen Korrektionsarbeiten war schon im Jahre 1894 eine nutzbare Wassertiefe von 5,4 Meter erreicht. Die Deckung der über 30 Millionen betragenden Kosten dieses riesigen Unternehmens wurde ebenfalls mit Beihilfe des Reiches erreicht, indem ein Reichsgesetz vom 5. April 1886 Bremen ermächtigt, auf der Strecke Bremen-Bremerhaven von allen über 300 Kubikmeter Raum besitzenden Schiffen eine Abgabe zu erheben, sobald Fahrzeuge mit fünf Meter Tiefgang dort

Abb. 147. Landungsbuhne von Baltrum.
(Nach einer Photographie von A. Overbeck in Düsseldorf.)

fahren könnten. Doch darf dieselbe nur von solchen Ladungen erhoben werden, welche aus See nach bremischen Häfen oberhalb Bremerhavens bestimmt sind oder von solchen Häfen nach See gehen, also nicht von den für die oldenburgischen Häfen Brake, Elsfleth u. f. f. bestimmten Schiffen.

Mit dem 1. April 1895 konnte diese Schiffahrtsabgabe zum erstenmal erhoben werden, und der Erfolg war der, daß an Stelle der 3 Schiffe mit 4,5—5 Meter Tiefgang, welche 1891 nach Bremen kamen, dies 1896 schon 300 waren, daß die Verzinsung des Anlagekapitals nicht, wie vorsichtig veranschlagt, nach 28 Jahren, sondern schon nach drei Jahren eintrat, und daß der Handel Bremens sich schon jetzt auf das Fünffache gehoben hat.

Infolge dieses überraschend günstigen Ergebnisses schlossen Preußen, Bremen und Oldenburg ein Abkommen miteinander, dahinzielend, die Außenweser unterhalb Bremerhaven auf acht Meter unter Niedrigwasser zu vertiefen, so daß die großen Kriegs- und Handelsschiffe bei ihrem Ein- und Auslaufen nicht mehr an die Zeit des Hochwassers gebunden sein werden. Die Ausführung der Arbeiten wurde Bremen übertragen, und die bisherigen Fortschritte derselben berechtigen zu den weitestgehenden Hoffnungen. Gleichzeitig mit dieser Unternehmung ist auch eine Erweiterung der Hafenanlagen in Bremerhaven in Angriff genommen worden.

Bremen besitzt gegenwärtig 517 Schiffe mit 556665 Registertonnen, darunter 225 Dampfer mit 285500 Registertonnen. Darunter sind, wie ebenfalls in der Hamburger Flotte, die größten Oceanriesen. Deutschland besitzt über 20 Dampfer von mehr als 10000 Tonnen, mehr, als irgend eine andere Nation der Erde.

Bereits im Jahre 1773 machte man von Bremen aus den ersten Versuch einer Fahrt nach Amerika, welcher mißlang, aber zehn Jahre später einen weiteren zur Folge hatte, der so günstig verlief, daß schon um 1796 etwa 70 Bremer Schiffe in der Amerikafahrt beschäftigt waren. Den im folgenden Jahrhundert sich rasch steigernden überseeischen Verkehr nahm auch Bremen wahr und trotz der damals noch geringen Erfahrungen und des allgemein herrschenden Mißtrauens gegen eine transatlantische Verbindung mittels Dampfschiffe erkannten Mitte der fünfziger Jahre weitblickende Bremer Kaufleute, an ihrer Spitze H. H. Meyer, die weltumgestaltende Bedeutung des Dampfes und gründeten im Jahre 1857 den Norddeutschen Lloyd mit drei Millionen Thaler Gold als Kapital. Die vier in England gebauten Dampfschiffe

„Bremen", „New York", „Hudson" und „Weser" sind die ersten der neuen Gesellschaft gewesen, die gegenwärtig 69 Seedampfer, davon 10 im Bau, 36 Küstendampfer, davon ebenfalls 10 im Bau, 24 Flußdampfer, das Schulschiff „Herzogin Sophie Charlotte" und 114 Leichterfahrzeuge und Kohlenprähme zählt, mit einem Gesamtraumgehalt von 506754 Registertonnen. Die großen neuesten Lloyddoppelschraubenschnelldampfer des Lloyd, „Kaiser Wilhelm der Große" (Abb. 101—103) und „Kaiserin Maria Theresia", werden mit Recht als ein Triumph des deutschen Schiffs- und Maschinenbaues geschildert und bilden den Gegenstand der Bewunderung der ganzen Welt. Der Norddeutsche Lloyd beherrscht heutzutage 20 Schiffahrtslinien, und zwar die Schnelldampferlinien Bremen-New-York und Genua-New-York, eine Postdampferlinie nach New-York, zwei Linien nach Baltimore, eine nach Galveston, zwei nach Brasilien, je zwei nach Argentinien und Ostasien, eine nach Australien, vier Zweiglinien im asiatischen Verkehr und vier europäische Linien. Am 1. Dezember 1899 verfügte der Norddeutsche Lloyd über ein Aktienkapital von 80000000 Mark, die Prioritätsanleihen der Gesellschaft betrugen 31050000 Mark, der Anschaffungspreis der vorhandenen Schiffe erreicht die Höhe von 143710000 Mark und deren Buchwert eine solche von 93530000 Mark.

Neben dem Norddeutschen Lloyd bestehen in Bremen zur Zeit noch sechs weitere Reedereien (Rickmers' Reismühlen, Reederei und Schiffbauaktiengesellschaft, 13000000 Mark Aktien- und 5000000 Prioritätsanleihenkapital; Deutsche Dampfschiffahrtsgesellschaft „Hansa", 10000000 Mark Aktien-, 4950000 Prioritätsanleihenkapital u. s. f.).

Im Jahre 1897 betrug Bremens Einfuhr 2233212 Tonnen brutto, seine Ausfuhr 1161371 Tonnen brutto, das Gesamtgewicht seiner ein- und ausgeführten Handelswaren 3394583 Tonnen brutto, der Wert der Einfuhr 613500000 Mark, derjenige der Ausfuhr 385700000 Mark, der Wert der gesamten aus- und eingeführten Waren also 999000000 Mark. Im Jahre 1896 wanderten über Bremen aus 67040 Personen, 1897 deren 47000. Sehr bedeutend ist die Industrie und der Gewerbebetrieb Bremens, als Eisengießereien, Reismühlen, Jutespinnereien und Webereien,

Abb. 148. Alter Friedhof von Baltrum.
(Nach einer Photographie von A. Overbeck in Düsseldorf.)

Cigarrenfabrikation, Segelmachereien, Seilereien, Schiffswerften u. s. f.

Bremen wurde um 789 durch den heiligen Willebad gegründet und zum Bischofssitze erhoben, der vom heiligen Ansgar um 848 mit demjenigen von Hamburg vereinigt wurde. Unter dem starken Schutz der Kirche entwickelte sich die Stadt rasch weiter, die im zwölften Jahrhundert von Heinrich dem Löwen mehrfach hart bedrängt wurde. An dem Kampf der Welfen mit den Staufern nahm Bremen als kaisertreue Stadt teil. Schon im dreizehnten Jahrhundert war die Abhängigkeit vom Bischof fast völlig beseitigt, und die Stadt fing an, sich die Verkehrsfreiheit auf der Weser vertragsmäßig zu sichern und auch mit den Waffen zu erkämpfen. Schwere innere Zwistigkeiten hatte Bremen im dreizehnten und vierzehnten Jahrhundert durchzumachen. Als Mitglied des Hansabundes hatte es zuweilen eine eigene Stellung gegenüber den übrigen Verbündeten inne, und seine Weigerung, sich dem Kampfe gegen Norwegen anzuschließen, trug ihm eine zeitweilige Ausschließung, die Verhansung, ein. Heinrich von Zütphen brachte ums Jahr 1522 die Reformation nach Bremen, das später ein Glied des schmalkaldischen Bundes wurde. 1623 errichteten die Oldenburger Grafen den Elsflether Zoll, gegen den Bremen jahrhundertelang vergebens Einspruch erhoben hat, und dessen Abschaffung erst im Jahre 1820 gelungen ist. 1646 wurde die Reichsunmittelbarkeit Bremens durch den Kaiser ausgesprochen, aber von den Schweden bestritten, denen das Erzstift durch den Westfälischen Frieden zugefallen war. Der kleine Staat führte deshalb zwei Kriege mit Schweden, die aber keinen Erfolg hatten. Als im Jahre 1741 das Erzstift in den Besitz des Kurfürsten von Hannover übergegangen war, wurde die Reichsunmittelbarkeit anerkannt, die aber durch schwere Opfer (Gebietsabtretungen) erkauft werden mußte. 1810 wurde Bremen dem französischen Kaiserreiche einverleibt und blieb bis 1813 die Hauptstadt des Departements der Wesermündungen. 1812 zählte Bremens Bevölkerung 35000 Seelen. Seit dieser Zeit hat es, wie wir auch schon weiter oben gesehen haben, einen gewaltigen Aufschwung genommen, wozu die Gründung Bremerhavens 1827—1830 den ersten bedeutenden Anstoß gegeben hat. Die jetzt in Bremen gültige Verfassung stammt von 21. Februar 1854. Die Stadt zählt jetzt 152000 Einwohner.

Die Stadt Bremen liegt 74 Kilometer von der Nordsee entfernt, am rechten Ufer die ehemals von Wällen umgebene Altstadt, am linken die Neustadt. Auf den drei Hauptplätzen der Altstadt, dem Markt, dem Domshof und der Domsheide, konzentriert sich das Leben Bremens. Vom Markt gehen auch drei der bedeutendsten Verkehrsadern der Stadt, die Langen-, Ober- und Sögestraße ab. Derselbe gewährt ein malerisches Bild; hier liegt zunächst das gotische, 1405—1410 erbaute Rathaus mit einer um 1610 hinzugekommenen Renaissancefassade an der Südwestseite. An der West-

seite des Hauses ist der Eingang zu dem durch Hauffs „Phantasien" weit und breit bekannt gewordenen Ratskeller, der mit Fresken von Arthur Fitger und mit Kernsprüchen von Hermann Allmers und anderen verziert ist (Abb. 104—116).

Vor der Südwestseite des Rathauses erblickt man die aus grauem Sandstein gefertigte Bildsäule des Roland, 5,5 Meter hoch, 1404 an Stelle einer hölzernen Statue des Paladins Karls des Großen hierhergestellt. Dem Rathause gegenüber steht das ehemalige Gildehaus der Kaufleute, 1537—1594 erbaut, jetzt der Sitz der Handelskammer, mit renovierter Fassade, und nahebei die im gotischen Stil gehaltene 1861—1864 errichtete Börse. Auf dem kleinen Platz zwischen Börse, Dom und Rathaus befindet sich der aus dem Jahre 1883 stammende Willhadibrunnen, auf dem die Statue des heiligen Willehad, von vier wasserspeienden Delphinen umgeben, zu sehen ist. An der Nordwestseite des Rathauses erhebt sich seit 1893 das von Bärwald modellierte Reiterstandbild Kaiser Wilhelms I.

Der dem Alter nach bis zu den ersten Anfängen Bremens hinabreichende Dom ist mehrfach umgestaltet worden. Das dem heiligen Petrus geweihte, 103 Meter lange, 40 Meter breite und 31 Meter hohe Gotteshaus ist reich an verschiedenartigen Kunstschätzen, darunter eine von der Königin Christina von Schweden geschenkte Kanzel, ein bronzenes Taufbecken aus dem Jahrhundert u. s. f. Es besitzt ferner eine vorzügliche Orgel. Eigenartig ist der unter dem Chor befindliche Bleikeller, in welchem die darin aufbewahrten Leichname — der älteste soll 400 Jahre alt sein — nicht verwesen.

Nördlich vom Dom breitet sich der Domhof aus, an welchem verschiedene, in architektonischer Beziehung hervorragende Baulichkeiten liegen, so der Rutenhof und das Museum. Südlich vom Dom kommt man zur Domsheide, die das ursprünglich für Gotenburg bestimmte Denkmal des Königs Gustav Adolph von Schweden ziert. Stattliche Gebäude umgeben den Platz, so das gotische Künstlervereinsgebäude mit geräumigen Sälen, das im Renaissancestil gehaltene Reichspostgebäude von Schwalbe, 1876 bis 1878 erbaut, und das Gerichtshaus, ein Ziegelhausteinbau in deutscher Renaissance.

Von weiteren interessanten Bauten der Altstadt erwähnen wir hier noch die aus dem zwölften und dreizehnten Jahrhundert stammende Liebfrauenkirche und die St. Johannis Kirche, ein reingotischer Backsteinbau aus dem vierzehnten Jahrhundert, die alte Klosterkirche der Franziskaner. Am nördlichen Ende der verkehrsreichen Obernstraße treffen wir auf die 1856 restaurierte gotische Ansgariikirche (1229—1243 erbaut) mit einem schönen Altarblatt von dem zwölften Jahrhundert, am nordwestlichen Ende der Altstadt, ist neuerdings renoviert worden und birgt ein schönes Marmorrelief von Steinhäuser, die Grablegung Christi. In der Langenstraße kann man noch eine Reihe interessanter Giebelhäuser beobachten, so das alte Kornhaus, das Stüssersche Haus, das Essighaus u. s. f.

Die Brücken vermitteln den Verkehr aus der Altstadt in die Neustadt, im Nordwesten die auch für Fußgänger eingerichtete Eisenbahnbrücke, dann die 204 Meter lange eiserne Kaiserbrücke in der Mitte und die

Abb. 149. Strand von Norderney.
(Nach einer Photographie von C. Risse in Norderney-Bochum.)

Tischbein und einem 97 Meter hohen Turme. Davor steht eine von Steinhäusers Meisterhand geschaffene Marmorgruppe, der heilige Ansgar, der Apostel des Nordens, im Begriff, einem Heidenknaben das Joch abzunehmen. Gegenüber erblicken wir das alte Gildehaus der Tuchhändler, mit schöner Renaissancefassade. Dasselbe zeigt eine besonders schöne Eingangshalle mit den lebensgroßen Porträts bremischer Bürgermeister und Ratsherren und geräumige Säle (großer Saal und Kaisersaal). Zur Zeit ist das Haus der Sitz der Gewerbekammer von Bremen. Die Stephanikirche, eine in Kreuzform gehaltene romanische Pfeilerbasilika aus ebenfalls eiserne 137 Meter lange und 19 Meter breite Große Brücke im Süden. Am Rande der Altstadt ziehen sich die vom zickzackförmigen Stadtgraben umspülten und von Altmann geschaffenen Wallanlagen an Stelle der ehemaligen Festungsumwallungen hin, die, umrahmt von schönen Villen, mit den vor der Kontreskarpe belegenen Vorstädten durch sechs nach den alten Stadtthoren benannten Übergängen verbunden sind. Auf den Wallanlagen stehen das Stadttheater, die Kunsthalle mit der Gemäldesammlung, meist von der Hand moderner Meister, und schönen plastischen Kunstwerken, das Denkmal für die im Feldzuge 1870

bis 1871 gebliebenen Söhne Bremens, das
Marmorstandbild des Astronomen Olbers,
die Büste Altmanns und Steinhäusers
Marmorvase mit der Reliefdarstellung des sogenannten „Klosterochsenzuges". Am südlichen Ende befindet sich ein kleiner Hügel
mit schönem Blick auf die Weser und die
Neustadt, die Altmannshöhe.

Jenseits des Stadtgrabens gelangt man
in die von geschmackvollen Häusern und
Villen — meist Einfamilienhäusern — gebildeten neuen Stadtteile mit schönen Kirchen-
bauten (St. Remberti, Methodistenkirche,
Friedenskirche), und Brunnen (Centaur-
brunnen), sowie dem großen Krankenhause
(am Ende der mit Ulmen bepflanzten Hum-
boldtstraße). Am Körnerwall, nahe bei dem an
der Weser sich hinziehenden Osterdeiche steht
ein Miniaturbronzestandbild Theodor Kör-
ners. In der Nähe des geräumigen Haupt-
bahnhofes trifft man das städtische Museum
für Natur-, Völker- und Handelskunde,
1891—1893 erbaut, mit den vereinigten
städtischen Sammlungen, die äußerst sehenswert und sehr wertvoll sind; daneben erhebt
sich die Stadtbibliothek, ein holländischer
Renaissancebau, mit 120000 Bänden. Ueber
dem Bahnhof hinaus führt der Weg zum
Herdenthorfriedhof und zu dem 136 Hektare
großen, wundervoll angelegten Bürgerpark
mit herrlichen Waldpartien, Wildgehege,
Meierei und dem äußerst behaglichen Park-
hause, das Wirtschaftszwecken dient.

Der Freibezirk mit dem 7,8 Meter
tiefen Freihafen liegt vor dem Stephani-
thor, im Nordwesten der Altstadt, nahebei das Haus Seefahrt, ein Asyl für alte
Seeleute und deren Witwen, mit Fresken
von Fitger im Hauptsaale. Über dem Thor-
wege liest man die Inschrift: „Navigare
necesse est, vivere non necesse est." Am
Freibezirk sind ferner eine Reihe bedeutender
gewerblicher Anlagen, so die Reparatur-
werkstätten des Norddeutschen Lloyd, die
Werkstätten und Werft der Aktiengesellschaft
Weser, Reismühlen u. s. f.

Die von 1622—1626 angelegte Neustadt weist keine große Besonderheiten auf.
Im Barockstil erbaut, erhebt sich dort am
Weserstrom die aus dem Ende des siebzehnten Jahrhunderts stammende St. Pauli-
Kirche und die 1822 gegründete Seefahrts-
schule. In der Neustadt befinden sich auch
die Kasernen.

Bremens Umgebung ist reich an großen
und wohlhabenden Dörfern, welche teilweise
beliebte Ausflugsorte seiner Bevölkerung sind.
Mittels Dampfboot sowohl, als auch durch
die Bahn ist das rechts von der Weser befindliche, über 4000 Einwohner besitzende,
von den Landhäusern reicher Bremer Bürger
umgebene Vegesack zu erreichen, mit bedeutender Industrie (Schiffswerften, Boots-
bauereien, Tauwerkfabriken, Baumwollen-
spinnereien u. s. f.). Eine Fischereigesell-
schaft für Heringsfischerei besteht hier ebenfalls. In der Nähe sind die schöne Villen
und Gärten besitzenden Orte Blumenthal
und Rönnebeck. Auf der Bahnfahrt nach
Vegesack erblicken wir bei Oslebshausen
die große bremische Strafanstalt; bei Burg-
lesum zweigt die Bahn nach Geestemünde
und Bremerhaven ab. Osterholz-Scharmbeck
mit regem gewerblichen Betriebe (Cigarren
und Eisenwaren) an dieser Linie ist die
Eisenbahnstation für die Malerkolonie
Worpswede.

Letzteres ist ein freundlicher Ort am
Weyersberge, von dessen mit einem Denkmal des Moorkommissars Findorf geschmückten
Höhe man einen weiten Rundblick genießen
kann. Wie eine Insel steigt die Erhebung
aus der weiten Ebene auf, die im Hintergrunde von den blauen Linien der Geest-
höhen begrenzt wird. Aus der Ferne winken
die Türme der alten Hansestadt an der
Weser herüber.

Den Künstlern, die dort schaffen, den
„Worpswedern", ist die Natur, mit welcher
sie dauernd zusammenleben, aufs innigste
vertraut. „Und doch ist nicht photographisch
korrekte Wiedergabe, sondern die stark persön-
liche Auffassung, das Temperament für diese
Worpsweder Bilder charakteristisch. Daher
das Befremden des Beschauers, der ein
solches Bild der wohlbekannten heimischen
Natur verlangt, wie er es sieht. Daher
die packende Wirkung auf den, welchem die
Persönlichkeiten in der Kunst (und vielleicht auch in Wissenschaft und Leben) alles
sind. Denn was uns sterblichen Menschen
erreichbar und nötig, ist subjektive Wahr-
haftigkeit, nicht objektive Wahrheit" (Gildemeister).

Durch die so stimmungsvollen Bilder
Fritz Overbecks, Fritz Mackensens, Otto
Modersohns und Heinrich Vogelers ist die
landschaftliche Scenerie um Worpswede weit

Abb. 150. Kaiserstraße in Norderney.
(Nach einer Photographie von E. Riffe in Norderney-Bochum.)

in der Welt bekannt geworden. Freilich, wer etwas von der Worpsweder Malerkunst sehen will, wird in München oder in Dresden mehr davon finden, als in Worpswede selbst. „Was dort sichtbar ist," sagt Gildemeister, „sind die Ateliers der Maler — von außen."

An Oldenbüttel und Stubben, sowie an Loxstedt mit seiner großen Torfstreufabrik vorbei wird die hannoversche Stadt Geestemünde am linken Ufer der Geeste, die hier in die Weser mündet, erreicht. Der 17500 Einwohner besitzende Ort ist 1857 von der hannoverschen Regierung angelegt worden, um Bremerhaven Konkurrenz zu machen, von dem es nur das Geesteflüßchen trennt. Geestemünde verfügt über einen geräumigen Hafen, 506 Meter lang, 117 Meter breit, mit hydraulischen Hebevorrichtungen u. s. f., der mit der Weser durch einen Vorhafen und eine mächtige Kammerschleuse mit Ebbe- und Fluttoren, die 67 Meter lange Schiffe aufnehmen kann, betreibt ferner eine aufblühende Hochseefischerei und besitzt Schiffswerften und Trockendocks (Abb. 117).

Bremerhaven ist an der Stelle der alten schwedischen Feste Karlsburg entstanden, die Karl XII. 1673 durch seinen Artillerieobersten Melle anlegen ließ. Dahinter

sollte sich eine neue Handelsstadt mit Namen Karlsstadt erheben, von der bereits einige wenige Häuser standen, als ein vereinigtes Korps von Dänen, münsterischen, cellischen und wolfenbüttelischen Truppen vor Karlsburg erschien, dasselbe belagerte und größtenteils zerstörte. Ein späterer Wiederherstellungsversuch scheiterte, und die furchtbare Weihnachtsflut im Jahre 1717 that den Rest. Durch Vertrag vom 11. Januar 1827 trat Hannover das Gebiet des heutigen Bremerhavens an Bremen ab (für 73658 Thaler 17 Groschen 1 Pfennig), wofür Bremen sich verpflichtete, hier einen Seehafen anzulegen. Bald darauf fing man an, und am 12. September 1830 lief als erstes Schiff das amerikanische Fahrzeug Draper im neuen Hafen ein. Dem damaligen Bürgermeister Smidt von Bremen hat man im Jahre 1888 auf dem Markte des von ihm gegründeten 1853 zur Stadt erhobenen Ortes ein Denkmal aufgerichtet.

Das rasche Emporblühen Bremerhavens ist aufs innigste verknüpft gewesen mit dem großen Aufschwung, den Bremens Handel seit 50 Jahren genommen hat, wie wir weiter oben schon betont haben. Zur Zeit hat die Bevölkerung der Stadt die Zahl von 20000 Menschen erreicht. Drei mächtige, durch Deiche gegen Sturmfluten wohlgeschützten Dockhäfen, der Alte Hafen (jetzt 730 Meter lang und 100 Meter breit) südlich belegen und 1830 in Betrieb genommen, der 1851 eröffnete Neue Hafen in der Mitte (840 Meter lang und 100 Meter breit) und als nördlichster der 1876 dem Verkehr übergebene Kaiserhafen, der 1897 bedeutend vergrößert worden ist und den größten Schiffen Einfahrtsgelegenheit bietet — die neue Kaiserschleuse hat eine Länge von 215 Meter, 26 Meter Breite und 10,56 Meter Tiefe — bilden die 34 Hektare große Wasserfläche des Hafens. Zum Freihafengebiete, das nach dem Anschluße Bremens an den Zollverein geblieben ist, gehören der Kaiserhafen und der nördliche Teil des Neuen Hafens.

Bremerhaven ist mit breiten und regelmäßigen Straßen angelegt. Die etwa 70 Meter hohe Turmspitze seiner schönen, gotischen Kirche dient weithin auf der Weser dem Schiffer als Wahrzeichen (Abb. 118). Von großem Interesse ist auch ein Besuch im 1849 erbauten Auswandererhause, das zur Aufnahme der Auswanderer vor ihrer Einschiffung dient und von mustergültiger Einrichtung ist. Es kann 2000 Auswanderer zugleich beherbergen.

„Meine Besuche dieses Hauses," so erzählt Hermann Allmers, „gehören zu den interessantesten Erinnerungen meines Lebens, und manche Stunde schon trieb ich mich umher unter dem bunten Gewimmel, das von unten bis oben seine Räume füllte, mischte mich unter die Gruppen der Männer und Frauen, frischen Burschen und rosigen Mädchen, redete freundlich mit ihnen und fragte sie wohl mit Freiligrath:

O sprecht! warum zogt ihr von dannen?
Das Neckarthal hat Wein und Korn;
Der Schwarzwald steht voll finster Tannen,
Im Spessart klingt des Älplers Horn.

Da hab' ich denn manch tiefen Blick ins Menschenherz gethan, war's nun in ein hoffnungsfreudiges oder in ein armes, halb verzweifelndes, und oft Niegeahntes hab' ich vernommen."

Unmittelbar grenzt im Norden Bremerhavens der hannoversche Flecken Lehe mit 22 000 Einwohnern an die Stadt. Sowohl die Eisenbahn als auch eine teilweise elektrisch betriebene Straßenbahn verbinden beide Orte miteinander. Die Einfahrt in die Unterweser wird durch starke Befestigungen beherrscht, die auf beiden Seiten des Stromes aufgeworfen sind. Sieben Leuchttürme, zwei Leuchtschiffe und mehrere Leuchtbaken bezeichnen zur Nachtzeit das Fahrwasser des Weserstromes. Der Hohewegsleuchtturm und derjenige auf Rotesand sind besonders erwähnenswert. Der erstere von beiden erhebt sich im Dwarsgatt, und seine Laterne leuchtet aus einer Höhe von 35 Metern über das Wasser. Der Rotesandleuchtturm im offenen Meere wurde 1885 fertiggestellt und steht 14 Meter tief im Sande auf Caissons.

Sein Laternendach erhebt sich 28,4 Meter über Hochwasser. Beide Leuchttürme sind mit Telegraphenstationen versehen.

Nördlich von Bremen, zwischen Lesum und Neuenkehn, tritt die Geest an das rechte Weserufer heran, alsdann begrenzt wiederum Marschland in der Breite von 5—7 Kilometer und mehr den Strom. Dieser schmale Marschstrich zerfällt in das Land Osterstade im Süden, etwa

Abb. 151. Seesteg in Norderney.
(Nach einer Photographie von E. Risse in Norderney-Bochum.)

Abb. 152. Ausblick von den Dünen in Norderney.

von Rade im Amte Blumenthal an bis zum Lande Wührden. Osterstade gehört zu Hannover, das nicht einmal eine Quadratmeile große Land Wührden dagegen ist oldenburgisches Gebiet. Dann folgt nördlich von Wührden das hannoversche Vieland, ein schmaler, aber sehr fruchtbarer Marschrand, der sich bis zum Geestefluß hinzieht. Die vier sehr wohlhabenden Dörfer, die dazu gehören, liegen alle auf der Geest selbst. Daran schließt sich wiederum weiter nach Norden zu das uns bereits bekannt gewordene Gebiet von Geestemünde und Bremerhaven, und dann kommt schließlich als nördlichstes der Marschlande am rechten Weserufer das Land Wursten.

Osterstade — der Name will so viel besagen als das östliche Stedingerland — unterscheidet sich eigentümlich auf den ersten Blick von den meisten Marschlanden. „Es trägt den Charakter einer einzigen weiten, üppiggrünen, von zahllosen Wassergräben nach allen Richtungen durchschnittenen Ebene, die, als fast durchweg kräftiges Weideland, von tausend buntscheckigen Rindern belebt wird. Hier und dort inmitten der weiten grünen Flächen ein paar Kornfelder; alle halbe Stunde ein buschreiches Dorf, meistens in der Nähe des Teiches, und endlich die großen Bauernhöfe, nicht

wie in anderen Marschen einzeln umhergestreut, sondern fast alle im Weichbilde der Dörfer selbst liegend, die dadurch ein stattliches Ansehen erhalten. Außer den Bäumen, welche die Häuser beschatten, und außer einer langen Reihe hoher Weiden der äußeren Deichkärme trifft das Auge selten auf Baumwuchs, da die Wege hier nicht, wie in anderen Marschen mit solchen bepflanzt sind." So beschreibt Hermann Allmers seine engere Heimat! Bei Alisni, dem jetzigen Dorfe Alse im oldenburgischen Kirchspiele Rodenkirchen, überschritt Karl der Große 797 die Weser und betrat Osterstade beim Dorfe Rechtenfleth, das, nebenbei bemerkt, Hermann Allmers' Wohnsitz ist. Von hier aus zog er über Stotel nach Bederkesa und von dort ins Hadelner Land, dessen sächsische Bewohner er nach hartnäckigem Widerstand bezwang. Nahe bei Bederkesa wurde im Jahre 1855 eine lange Holzbrücke im Moor entdeckt, wie man meint, ein Denkmal dieses Heereszuges. Von den männlichen Bewohnern wird hier, wie übrigens auch noch in anderen Marschgebieten, der Springstock, in Osterstade „Klubenstock" benannt, benützt, den wir schon bei den Bauern Eiderstedts kennen gelernt haben. Im Süden Osterstades herrscht das rein niedersächsische

Element vor, im Norden das gemischt friesische, in Wührden dagegen tritt das Friesische im Gesichtstypus, im Charakter und
in dem Namen der Bewohner schon ungleich
merklicher hervor und läßt den Wührdener
schon bedeutend derber, selbständiger und
entschlossener auftreten, als seinen südlichen
Nachbar, den Allmers, dem wir hier weiter
folgen, als den in politischer Hinsicht aller-
zahmsten, gleichgültigsten und allerloyalsten
sämtlicher Marschbewohner schildert. In
Wührden und in den Marschen der nördlich davon in die Weser mündenden Lune
ist reger Ziegeleibetrieb, da der schwarze
Marschthon sich sehr gut dazu eignet und
sehr harte und dauerhafte Mauersteine liefert,
die fast durchweg von Arbeitern aus dem
Lippeschen hergestellt werden.

Das Vieland — vom altfriesischen, mit
„Sumpf" gleichbedeutendem Worte „Vie" —
ist die Übergangsregion von der Fluß- zur
Meeresstrandflora. Das Rohr nimmt ab,
und dafür zeigen sich das Löffelkraut und
andere Pflanzen des Meeresstrandes. In
landwirtschaftlicher Beziehung steht dieser
kleine Marschdistrikt oben an. Die Nähe
von Bremerhaven, Geestemünde und Lehe,
der vortrefflichen Absatzgebiete für die Produkte des Vielandes, trägt ungemein viel
zu dessen stetig wachsendem Wohlstande bei.

Das Land Wursten ist fast gänzlich von
Seemarsch gebildet, doch tritt in seinem
nördlichen Teil, der vom Hamburger Amte
Ritzebüttel eingenommen wird, die Geest
bis an den Elbstrom heran. Die Marsch

Wurstens grenzt unmittelbar an das Geestland, deutliche Randmoore fehlen hier.
Dem südlichen Teil des Landes liegt auf
dem linken Weserufer der Langlütjensand
gegenüber, vor dem mittleren und nördlichen Teile desselben breiten sich weit-
ausgedehnte Watten aus. Besonders fest
ist der Seedeich gebaut; in seiner jetzigen
Stärke wurde derselbe erst in den vierziger
Jahren des neunzehnten Jahrhunderts errichtet und durch einen großen Umzug
sämtlicher Bauern Wurstens zu Pferd und
zu Wagen, durch einen feierlichen Gottesdienst in der Hauptkirche des Landes zu
Dorum und durch ein Festessen eingeweiht.
„In seiner Grundfläche 160 Fuß breit und
nahe an 30 Fuß in seiner Höhe haltend,
steht der Wurster Teich wohl als der stärkste
Seewall der Provinz Hannover da. An
schönen Sommertagen auf ihm zu lust-
wandeln ist einer der interessantesten Ge-
nüsse, gehoben durch die überraschenden
Kontraste des segeltragenden Flusses, des
mövenumschwärmten Watts und des fruchtbaren Landes mit seinen auffallend zahlreichen Kirchtürmen, Höfen und Dörfern im
wogenden Saatenmeere" (Allmers). Wursten
ist 3,97 Quadratmeilen groß (= 21 797
Hektaren) und hat eine Bevölkerung von
9000 Seelen, so daß auf die Quadratmeile
2264 Menschen kommen. Dorum mit
etwa 1850 Bewohnern ist sein Hauptort
und liegt etwa in der Mitte zwischen den
vier südlichen Kirchspielen (Imsum, Wremen,
Mulsum, Misselwarden) und den vier nörd-

lichen (Paddingbüttel,
Midlum, Cappel und
Spieka). Die Kir-
chen sind klein und
niedrig, an der West-
seite mit einem dicken
stumpfen Turm ver-
sehen und aus einem
cyklopischen Mauer-
werk von unbehauenen
Findlingen aufgeführt.
Der Boden Wurstens
ist heller und sandi-
ger als in den oberen
Weser- und Elbmar-
schen, daher geeigneter
zum Ackerbau, der die
Haupterwerbsquelle
der Bewohner bildet;

Abb. 153. Im Bade von Norderney.
(Nach einer Photographie von E. Risse in Norderney-Bochum.)

nur im Süden des Landes wird auch Viehzucht getrieben. Der Name bedeutet so viel
als das Land der auf den Wurten (Werften)
sitzenden Bauern, der „Wurtsassen", „worsatir" der lateinischen Schriftsteller, und des
Plinius bekannte Beschreibung von unserer
Nordseeküste paßt ganz für die ersten Ansiedelungen der Wurster, die sich schon in
frühen Zeiten zu einem kühnen Seeräubervolk ausgebildet hatten. Die Bevölkerung
ist rein friesischer Abkunft, und noch bis in
die Mitte des achtzehnten Jahrhunderts
hinein hatte sich in Wursten die friesische
Sprache erhalten, die jetzt nur noch in den

großen Unabhängigkeitssinn haben die
Wurster von alters her in vielen Kriegen
bewährt, die meist von seiten der Bremer
Erzbischöfe zu ihrer Unterwerfung gegen
sie geführt worden sind, und selbst schreckliche Niederlagen, die sie erleiden mußten,
und die argen Verwüstungen ihres Landes durch den Feind (1516 und 1526)
hielten sie nicht ab, den Kampf für ihre
Selbständigkeit immer wieder von neuem
zu beginnen. In der Mitte des sechzehnten
Jahrhunderts trat in der Geschichte des
Landes Wursten ein Wendepunkt ein. Des
langen Haders und Kämpfens müde, ent

Abb. 154. In den Dünen von Norderney.
(Nach einer Photographie von C. Risse in Norderney-Bochum.)

Namen der Einwohner und der Ortschaften
klingt. Von den alten Rechten der Wurster
ist noch vielerlei erhalten geblieben, so die
Landesversammlung zu Dorum, welche die
Verwaltung der inneren Angelegenheiten des
Landes, wie das Deich- und Sielwesen zu
regeln hat.

Zwei große Übelstände im Lande Wursten,
die sich übrigens auch in den übrigen Marschlanden mehr oder weniger fühlbar machen,
sind das Marschfieber und der Mangel an
gutem Wasser, so daß besonders in letzterer
Hinsicht Winterkälte und dürre Sommer
große Not hervorrufen.

Ihre besondere Freiheitsliebe und ihren

schlossen sie sich, dem Bremer Erzbischof
billige Steuern zu zahlen, der dafür ihre
Rechte anerkannte und gewährleistete. Später
kam Wursten dann unter das schwedische,
hierauf unter das dänische Scepter, im
Jahre 1715 aber unter den Schutz des
Kurhuts von Hannover. Seither hat es
die Geschicke dieses letzteren Landes geteilt.

Eine 44 Kilometer lange Eisenbahnlinie
verbindet nunmehr, das Land Wursten
durchziehend, Geestemünde über Lehe, Imsum, Dorum u. s. f. mit Cuxhaven. Letzteres ist ein emporstrebender Flecken im
hamburgischen Amte Ritzebüttel und seit
1872 mit dem gleichnamigen letzteren Orte

vereinigt. Gegenwärtig zählt es 6200 Einwohner, verfügt über große im letzten Jahrzehnt erbaute Hafenanlagen (Anlegestelle für
die Dampfer der Hamburg-Amerika-Linie),
eine Lotsenstation und hat zugleich auch
ein früher vielbesuchtes, später durch die
Konkurrenz der Seebäder auf den ostfriesischen Inseln etwas herabgekommenes,
neuerdings aber wieder im Aufschwung be-
griffenes Seebad (Abb. 88 u. 89). Am Ende
der Alten Liebe, der Strandpromenade Cur-
havens, steht ein 25 Meter hoher Leuchtturm; draußen an den äußersten Mündungen
der Elbe erheben sich zwei weitere Leuchtfeuer auf der kleinen Marschinsel Neuwerk,
nordwestlich von dieser bezeichnet die „Rote
Tonne" die Einfahrt in den Strom.
Starke Küstenbefestigungen etwas nördlich
von Curhaven verteidigen diese letztere.
Ganz an der Nordspitze des Landes liegen
endlich noch die kleinen unbedeutenden Orte
Döse auf Marschland und Duhnen auf
Geest, in welchen in neuerer Zeit Kinder-
hospize entstanden sind.

XVI.

Das Küstengebiet Oldenburgs und Ost-
frieslands. Die ostfriesischen Inseln.

Ein schmales Band Landes trennt die
Weser vom Jadebusen. Es hat einmal
eine Zeit gegeben, in der die Weser in
mehrere Arme geteilt sich in die Nordsee
ergoß und im Westen des gegenwärtigen
Stromes die Entwickelung einer großen
Deltabildung verursacht hatte. Das war
in den Tagen, da der Jadebusen noch
festes Land war, und bevor noch die Meeresfluten das Land Rustringen durchbrochen
und diese 190 Quadratkilometer große
Meereseinbuchtung geschaffen hatten, deren
heutige Gestaltung erst in historischer Zeit
vollendet worden ist. Soll doch die sogenannte Eisflut vom 17. Januar 1511
noch fünf Kirchspiele mit Mann und Maus
alldort verschlungen haben.

Durch spätere Anschlickung, Verschlem-
mung und wohl auch durch die Arbeit
fleißiger Menschenhände ist dieses Weser-
delta in der Gegenwart verschwunden, wenn
auch die einzelnen Arme desselben in der
orographischen Beschaffenheit des Landes
sich noch nachweisen lassen. Die Weser
fließt heutzutage als ein breiter Strom

nach der Nordsee, dessen Fahrwasser sich
dicht an der Küste Oldenburgs hinzieht,
hier und dort mit Sanden und Platen in
ihrem Bette, wie beispielsweise die Stro-
hauser Plate, die Luneplate u. s. f. Bei
Geestemünde hat der Strom bereits eine
Breite von 1325 Meter. Nordwestlich von
Bremen legen sich die Marschen des Stedinger Landes an das linke Weserufer,
denen weiter nördlich diejenigen des Stadlandes, und nach diesen das Butjadinger-
land folgen. Dem Nordosten und dem
Norden der Halbinsel zwischen Weser und
Jade lagern sich Watt- und Sandbildungen
vor, der uns schon bekannte Langlütjensand
im Osten, das Solthörner Watt, der Hohe
Weg und die Alte Mellum im Norden.
Westlich wird dieses Areal vom Jadebusen
selbst und dann weiter nach Süden von
großen Mooren umrandet. Derjenige Teil
des Großherzogtums Oldenburg, der in
das Bereich unserer Betrachtungen fällt und
südlich etwa von der Bahnlinie begrenzt
wird, welche von der Landeshauptstadt nach
Leer führt, besteht aus Geestland (Ammer-
land) mit der Wasserfläche des Zwischenahner Meeres und daran liegenden großen
Moorgebieten (Jührdener Feld), während
die östliche Grenze des Oldenburger Küstenlandes in seinem südlichen Teil vom Lengener Moor bezeichnet wird, das mit dem
großen Hochmoor Ostfrieslands im Zusammenhang ist. Der an der Jade belegene nördliche Teil besteht wiederum aus
Alluvionen. Es ist das Jeverland.

Moore in überwiegendem Maße und dann
Geest setzen Ostfrieslands Boden zusammen,
der im Norden und Westen, an der See,
am Dollart und am äußeren Mündungstrichter der Ems von Marschen und diesen
vorgelagerten Watten umsäumt wird, über
welchen hinaus die Wellen der Nordsee das
Band der ostfriesischen Inseln bespülen.

Bäche und Flüsse in großer Zahl entwässern das ganze Areal zwischen Weser
und Ems, von denen die an der Stadt
Oldenburg vorbeiziehende und bei Elsfleth
in die Weser fallende Hunte und die unweit von Leer in die Ems sich ergießende
Leda die beiden bedeutendsten sind. Auch
der 22 Kilometer lange Küstenfluß der
Jade, welcher aus dem Bareler Hochmoor
kommt und sich in den gleichnamigen Meerbusen wirft, mag hier noch erwähnt werden.

Das Stedinger Land besteht aus sehr tiefliegenden und vielfach den Überschwemmungen ausgesetzten Marschen, in denen viel Hafer, Hanf und Weiden gebaut und kultiviert werden, letztere um als Korbweiden, Faßbänder, zu Schlengen u. s. f. Verwendung zu finden. Die Entwässerung des Landes wird von großen, aus Steinen gebauten und einer Anzahl kleinerer wasserhebender Windmühlen besorgt. Großer Reichtum herrscht im Stedinger Lande nicht, dagegen ist aber auch kaum wirkliche Armut unter der dortigen, äußerst intelligenten, soliden und wohlgesitteten Bevölkerung zu finden, die ein beträchtliches Kontingent der Seeleute für die Weserhäfen abgibt. Wer nicht Landmann oder Handwerker ist, fährt zur See. Am Einfluß der Hunte in die Weser liegt an der Eisenbahn von Hude, einem Knotenpunkt an der Linie Bremen-Oldenburg-Leer, nach Nordenham, die kleine Stadt Elsfleth, wo früher ein wichtiger Weserzoll erhoben wurde, ein Schiffbau, Schiffahrt und Handel treibender Ort mit Navigationsschule. Hier schiffte sich am 7. August 1809 der Held von Ölfers und von Quatrebras, Herzog Wilhelm von Braunschweig, mit dem Häuflein seiner Getreuen am Schlusse seines Zuges durch das vom Feinde besetzte deutsche Land ein. Eine gotische Steinpyramide erinnert an diese Begebenheit.

Zwischen der Hunte und dem Südrande des Stadlandes heißt das Land Moorriem, zu dem Elsfleth eigentlich schon gehört. Etwa elf Kilometer nördlich von dieser Stadt erscheint Brake (mit über 4000 Einwohnern), Station der Bahn nach Nordenham und durch eine Zweigbahn mit Oldenburg verbunden, eine gewerbreiche und viel Schiffahrt treibende Hafenstadt, in den Jahren 1848 und 1849 die Hauptstation der deutschen Kriegsflotte, in früherer Zeit ein wichtiger Ausfuhrort für das nach England verschiffte Butjadinger Vieh,

worin ihm nun Nordenham den Rang abgelaufen hat.

Stadland trägt den Charakter der Flußmarsch, während Klima und Strandflora die Marschen Butjadingens als völlige Seemarsch kennzeichnen, die rings vom Salzwasser bespült werden. Auch hier steckt im Untergrunde des Bodens jener kalkreiche Schlick, wie in der Hadelner Marsch, den man ebenfalls zur Aufbesserung der Bodenoberfläche benützt, indem man denselben heraufbringt, eine Arbeit, die hier „wühlen“ genannt und etwas anders ausgeführt wird, als in den Elbmarschen. Stadland treibt mehr Viehzucht als Ackerbau, in Butjadingen herrscht letzterer vor. Die Marschhöfe sind gut gepflegt, und die Wohnstätten sind nicht nur zu zahlreichen kleinen Dörfern vereinigt, sondern auch als Einzelhöfe, dann aber fast immer an den Hauptstraßen des Landes reihenweise angeordnet, vorhanden. Die Bauart der Häuser ist meist die uns schon als Hauberg, hier „Berg“ genannt bekannt gewordene. Butjadingen und Stadland gehörten zu dem durch die Meeresfluten teilweise verschlungenen Land Rustringen, einem der sieben zu einem Bunde vereinigten friesischen Seelande, die ihre Versammlungen bei Aurich unter dem Upstallsboom abhielten.

Golzwarden, in der Geschichte des Landes viel genannt, Rodenkirchen mit seiner alten Kreuzkirche und Atens, wo die erste der von den Bremern erbauten Zwingburgen sich erhob, sind wichtige Orte unseres Gebietes. Bei Atens liegt das durch eine

Abb. 155. Leuchtturm von Norderney.
(Nach einer Photographie von E. Risse in Norderney-Bochum.)

Dampffähre mit Geestemünde in Verbindung
stehende Nordenham, ein Hochseefischerei-
hafen. Die dortige Dampffischereigesellschaft
„Nordsee" hat in den drei ersten Monaten
des Jahres 1900 2 100 500 Kilogramm
Seefische auf den Markt gebracht (im
gleichen Zeitraume 1899 1 648 000 Kilogramm), was etwa dem Schlachtgewicht von
21 000 fetten Schweinen entsprechen würde.
Blexen, Burhave, an dessen Kirchenmauer
das alte Rustringer Landesmaß, eine Rute
von 22 Fuß Länge, eingehauen ist, und
Langwarden befinden sich noch weiter nördlich.

nach Barel führt über Delmenhorst nach
Oldenburg. Hier zweigt der Schienenstrang
nach Wilhelmshaven ab, welcher Barel
berührt.

Das industriereiche Delmenhorst mit
über 12 500 Einwohnern, an der Delme,
liegt zwölf Kilometer westlich von Bremen
und hat große Cigarren- und Korkfabriken.
Im Amte Delmenhorst selbst gibt es viele
Korkschneidereien. Auch die Linoleum-In-
dustrie Delmenhorsts ist von großer Wichtigkeit. Bei Grüppenbühren befindet sich der berühmte Eichenwald Hasbruch, der zusammen

Abb. 156. Juist.
(Nach einer Photographie von Rommler & Jonas in Dresden.)

Beim letztgenannten Orte wendet das Land
um, und über die Kirchdörfer Tossens, Eck-
warden, Stollhamm und Seefeld kommen
wir längs der durch starkes Mauerwerk von
hartgebrannten Ziegeln und sonstige Be-
festigungsmittel geschützten mächtigen Deiche
am Ufer der Jade nach dem freundlichen,
5000 Seelen zählenden Städtlein Barel,
das bedeutende Fabriken, so Spinnereien,
Webereien, Färbereien, auch Eisengießereien
und Maschinenfabriken, außerdem Viehhandel
hat und ebenso regen Schiffsverkehr in seinen
vom Barler Siel gebildeten Hafen betreibt.
Die direkte Bahnverbindung von Bremen

mit dem Urwald von Neuenburg im Jade-
gebiete im nördlichen Deutschland seinesgleichen sucht. „Echt urwaldschauerlich weht
es uns an," wenn wir diesen prächtigen
Wald mit seinen urgewaltigen Stämmen
betreten, deren es so gewaltige gibt, daß
sechs Männer sie kaum umklaftern können.
Nach den Jahresringen zu urteilen, waren
mehrere dieser Eichenbäume, welche gefällt
werden mußten, 1000—1100 Jahre alt,
reichten also auf die Zeit Karls des Großen
heran. Und diese gefällten Eichen waren nicht
einmal die größten. Das in der Nähe
liegende Hude ist seiner großartigen Ruine

der ehemaligen, im Jahre 1538 durch den bischöflich münsterischen Drosten Wilke Steding zerstörten Cistercienerabtei wegen berühmt, ein frühgotischer Ziegelbau aus dem Ende des dreizehnten Jahrhunderts.

Oldenburg, die Haupt- und Residenzstadt des Landes, an der hier schiffbaren Hunte und am Hunte-Ems-Kanal, sowie an einer Anzahl nach den verschiedensten Richtungen hinführender Bahnlinien belegen, zugleich bedeutender Garnisonsort, zählt gegenwärtig 26000 Einwohner. Im Südosten der Stadt erhebt sich das Schloß des Groß-

deren neuere Viertel von schönen Villen bebaut sind. Das 1891 abgebrannte und im verflossenen Jahrzehnt neu aufgeführte stilvolle Theatergebäude mag hier ebenfalls Erwähnung finden. Oldenburg betreibt lebhaften Handel und Schiffahrt, seine Pferdemärkte sind von großer Bedeutung und werden von weither besucht (Abb. 119—122).

Auf der Bahnfahrt zwischen Oldenburg und Varel kommen wir an der kleinen Ortschaft Rastede mit einem reizend gelegenen großherzoglichen Schlosse aus dem achtzehnten Jahrhundert in schattigen Park-

Abb. 157. Juist. Strand und Giftbude.
(Nach einer Photographie von Römmler & Jonas in Dresden.)

herzogs, das schöne Gemälde und Fresken und mancherlei sehenswerte Kunstschätze enthält, auch eine reichhaltige Bibliothek sowie verschiedene Sammlungen. Besonders gerühmt werden die schönen Anlagen des Schloßgartens. Im Augusteum ist eine treffliche Gemäldesammlung älterer, besonders zahlreicher niederländischer Meister aufgehängt, die Sammlungen des Museums gewähren einen vortrefflichen Einblick in die Natur- und die älteste Kulturgeschichte Oldenburgs. Die ehrwürdige, aus dem dreizehnten Jahrhundert stammende, nunmehr renovierte fünftürmige Lambertikirche steht am Markt und ist das älteste Gotteshaus der Stadt,

anlagen vorbei. Hier stand früher ein Benediktinerkloster. In Rastede pflegt der Landesfürst einen Teil des Sommers zuzubringen.

Nördlich von dem uns schon bekannten Varel finden wir am Jadebusen auf einem Dünenvorsprung das Seebad Dangast, eine der wenigen Stellen an der ganzen Nordseeküste, an denen die künstliche Eindeichung unterbrochen ist. Draußen im Jadebusen liegt die Insel Arngast, die viel und stark von den Fluten heimgesucht worden ist und früher ein ansehnliches Dorf und grüne Weiden getragen hat. Nördlich davon, nahe dem Westrande des Busens, sind kleine uneingedeichte Schollen alten Marschlandes, echte Halligen, im Winter unbewohnt und nur im Sommer von Hirten mit ihren Schafherden aufgesucht, die Oberahnschen Felder.

Westlich von Varel, bei dem durch eine 19 Kilometer lange Zweigbahn mit diesem verbundenen Neuenburg, steht ein ähnlicher Urwald, wie derjenige von Hasbruch, der wundervolle Baumgruppen enthält und einen Flächenraum von etwa 30 Hektaren bedeckt, eine der ältesten Waldungen Deutschlands.

Die von Varel nach Wilhelmshaven ziehende Bahnlinie berührt Sande, den Knotenpunkt für die nach Wittmund oder nach Karolinensiel in Ostfriesland führenden Strecken, die sich wiederum in Jever verzweigen.

Wilhelmshaven, gegenwärtig 28000 Einwohner zählend, ist eine neue Stadt und die deutsche Marinestation der Nordsee, am in seinen inneren Teilen flachen, hier aber unseren größten Kriegsschiffen Einfahrt gestattenden Jadebusen. Als Preußen 1853 das Gebiet zur Anlage von Wilhelmshaven von Oldenburg erwarb, zählte dasselbe 109 Einwohner auf 340 Hektaren. Mit der zunehmenden Marine durch die Gründung des Reiches erlangt hat, hat sich auch Wilhelmshavens Weichbild mehr und mehr gehoben. Die großartigen Hafenanlagen zerfallen in den im Südwesten der Stadt belegenen Neuen Hafen, der eine Fläche von 70000 Quadratmeter umfaßt und 8 Meter Tiefe hat. Derselbe dient für die in Dienst gestellten Kriegsschiffe und hat eine besondere für die Torpedoboote bestimmte Abteilung. Eine 174 Meter lange Schleuse verbindet den Neuen Hafen mit der 1886 eröffneten Neuen Einfahrt. Im Westen mündet der Ems-Jade-Kanal, von dem noch später die Rede sein wird, vermittelst einer 50 Meter langen und 7,5 Meter breiten Schleuse in diesen Hafen.

Nördlich vom Neuen Hafen treffen wir auf den Ausrüstungshafen, der sich in einer Länge von 1168 Meter bei 136 Meter Breite ausdehnt und mit dem vorgenannten in Verbindung steht. Eine 48 Meter lange Schleuse führt von hier in den Vorhafen und dann durch die Alte Einfahrt in die Jade hinaus. Der Bauhafen (377 Meter lang, 206 Meter breit) mit Trockendocks,

je zwei zu 138 Meter und eines zu 120 Meter Länge, schließt sich im Westen an den Ausrüstungshafen an. Die Hafenanlagen sind von den zahlreichen Gebäuden der kaiserlichen Werft umgeben, auf welcher eine Anzahl unserer achtungsgebietenden Kriegsschiffe vom Stapel gelaufen sind, und die in Zukunft wohl noch weitere solcher Art erbauen wird (Abb. 123—125). Der deutsche Michel ist ja in diesen Tagen erwacht und hat begriffen, was der Große Kurfürst einmal in den Worten: „Schiffahrt und Handelung sind die fürnehmsten Säulen des Estats" ausgedrückt hat.

> Michel, horch, der Seewind pfeift,
> Auf und spitz' die Ohren!
> Wer nicht jetzt ins Ruder greift,
> Hat das Spiel verloren.
> Wer nicht jetzt sein Teil gewinnt,
> Wird es ewig missen,
> Michel, horch, es pfeift der Wind,
> Segel gilt's zu hissen!
>
> Denk des Ruhms vergangner Zeit
> Und der alten Lehre:
> Volkes Wohl und Herrlichkeit
> Blüht auf freiem Meere.
> Schläfst du wieder, altes Kind?
> Hurtig aus den Kissen!
> Hurtig auf, ins Boot geschwind,
> Segel gilt's zu hissen!
> (Gottfried Schwab.)

Zweier Denkmäler, die in Wilhelmshaven errichtet worden sind, sei hier noch kurz gedacht, desjenigen des Prinzen-Admiral Adalbert von Preußen, von Schuler entworfen und 1882 enthüllt, vor der Elisabethkirche, und des vom gleichen Künstler modellierten Monuments Kaiser Wilhelms I., im Jahre 1896 eingeweiht. Heppens im Norden und Bant im Westen der Stadt Wilhelmshaven befinden sich bereits auf oldenburgischem Grund und Boden Wilhelmshaven wird nach der Land- und der Seeseite zu von starken Befestigungen verteidigt.

Das Jeverland (Wangerland), das bis 1575 eine selbständige Herrschaft bildete und seit 1818 unter der Oberhoheit Oldenburgs steht, breitet sich nördlich von Wilhelmshaven bis an das Gestade der Nordsee aus. Jever, an einem nach Hooksiel führenden schiffbaren Kanale, mit 5300 Einwohnern, ist die Hauptstadt dieses Gebietes. Das Schloß ist der herrlichen im Renaissancestil gehaltenen Decke seines Audienzsaales wegen berühmt. Die Heimat der „Ge-

treuen" ist zugleich auch der
Geburtsort des großen Histo
rikers Schlosser (1776 bis
1861) und des bekannten
Chemikers Mitscherlich (1794
bis 1863). Beiden hat ihre
Vaterstadt Denkmäler gesetzt.
Hooksiel am Jadebusen be
sitzt Schiffswerften und be
treibt Schiffahrt.

Über die reichbewaldete
Geest, nur hier und da die
vom Süden herantretenden
Moorflächen berührend, zieht
die Bahnlinie von Olden
burg nach Leer am schönen
Zwischenahner Meer vorbei,
das von einem Dampfer be
fahren wird und ein be
liebtes Ausflugsziel der Be
wohner der Landeshaupt
stadt bildet. Dann folgt
Ocholt mit einer nach dem
Geesttorfe Westerstede führen
den Zweigbahn. Noch bevor
wir die Landesgrenze über
schreiten, erscheint August
fehn im Lengener Moor mit
seinem 4 Kilometer langen,
etwa 6 Meter Sohlbreite
und 1,5 Meter Tiefe be
sitzenden Kanal. Diese Fehn
kolonie gedeiht besonders
durch die dort im Jahre
1856 gegründete und mit
Torf heizende Eisenhütten
gesellschaft. Südlich dehnt sich
das Saterland aus. Wäh
rend Moor und Geestland
die Bahnlinie im Norden
begrenzen, zeigen sich all
mählich im Süden die Alln
vionen der Jümme, durch
welche dieser Fluß sich hin
durchwindet, der sich eine
Meile oberhalb Leer mit der
Leda vereinigt.

Ostfriesland bildet in
politischer Beziehung den
Regierungsbezirk Aurich. Die
einzelnen Teile Ostfrieslands
tragen jedoch im Volksmunde
besondere Bezeichnungen. Im
Norden und Osten von der

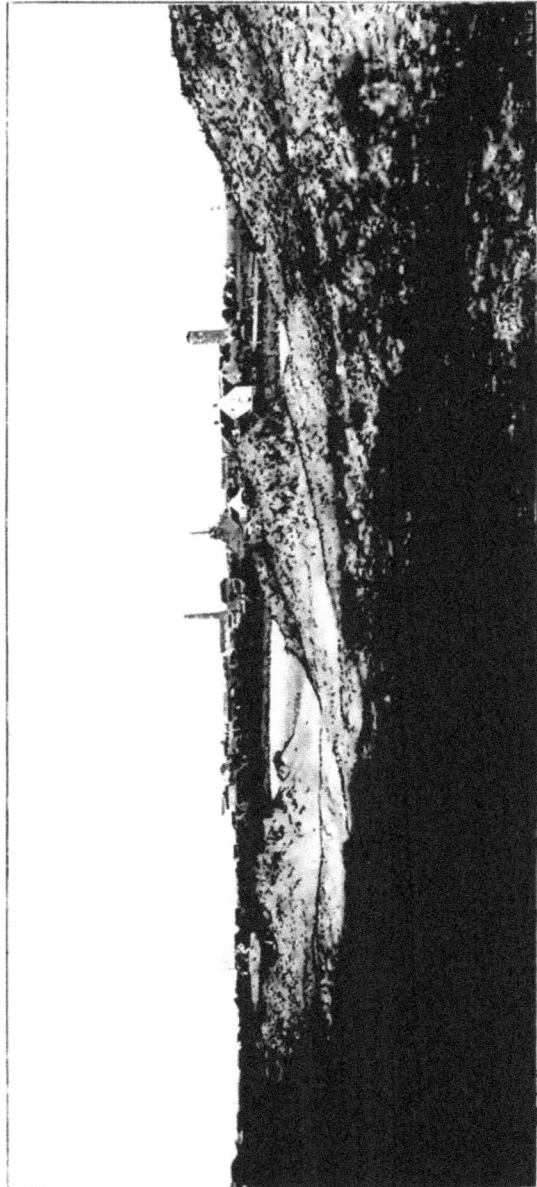

Abb. 158. Borkum, von der hohen Düne gesehen. (Nach einer Photographie von Wolfram & Co. in Bremen.)

14*

Ems, im Westen vom Dollart und der holländischen Grenze, südlich von dem Bourtanger Moor umzogen breitet sich das Reiderland aus. Weener mit etwas über 3800 Einwohnern ist sein Hauptort, der Sammelplatz seiner Produkte, mit Handel und Industrie, großen Baumschulen und weithin bekanntem Pferdemarkt.

Auf dem rechten Emsufer bis Oldersum und landeinwärts bis gegen Oldendorf an der Westseite des Hochmoors heißt das Gebiet Moormer Land. Zwischen Ems und der 2 Kilometer unterhalb in diese mündenden Leda treffen wir als beträcht-

Friesenlandes ist. Nördlich von Oldersum, zwischen Ems, Dollart und dem Emsbusen der Ley, folgt das fast nur aus reinem Marschboden bestehende Emsiger Land. Seine Marschen sind reich an Werften, auf denen sich die Bevölkerung angesammelt hat. Einige derselben sind so klein, daß nur die dichtgedrängten Häuser des Dorfes darauf Platz haben und die Gärten auf dem tiefer liegenden Boden angelegt werden mußten. Den Marschgürtel Ostfrieslands begleitet ein Streifen anmoorigen Bodens, das sogenannte Dargland, auf seiner Innenseite, der wesentlich tiefer liegt als Marsch

Abb. 159. Borkum. Das Dorf.
(Nach einer Photographie von Wolffram & Co. in Bremen.)

lichste Niederlassung dieses Gebiets die 11 500 Einwohner zählende Handels- und auch Industriestadt Leer an. Erst spät hat sich der so günstig belegene Ort zum Handelsplatz entwickelt und bis zur Mitte des achtzehnten Jahrhunderts wird er als solcher kaum genannt. Schiffe bis zu 5 Meter Tiefgang können auf der Ems und Leda bis zur Stadt gelangen und hier löschen (Abb. 126). Im Osten reicht das kleine nur das eine Kirchspiel Remels (in alten Zeiten Uplengen genannt) umfassende Lengener Land an das Moormer Gebiet. Besondere, hier übliche Rechtsgebräuche lassen darauf schließen, daß es eine sächsische Kolonie innerhalb des alten

und Hochmoor, aus welchem Grunde er auch mit zahlreichen Seenflächen besetzt ist, beispielsweise das große Meer bei Wiegoldsbur nordöstlich von Emden. Es sind im Darglande dieselben Verhältnisse, die wir im Sietlande Hadelns bereits kennen gelernt haben. Im Winter ist das Ganze meist überschwemmt.

Noch bis in die zweite Hälfte des dreizehnten Jahrhunderts hinein war das heute vom Dollart eingenommene Areal ein etwa 400 Quadratkilometer großes Land, darauf eine Stadt, drei Flecken und fünfzig Ortschaften und Dörfer standen. Die Mehrzahl dieser Orte lag im nordöstlichen Teil des Gebietes. Am 12. Januar 1277 fingen die

Zerſtörungen durch die Meereswellen an, und die Flut von 1287 vollendete, was die erſteren begonnen hatten. Von 1539 ab datieren die Verſuche, dem Ocean das entriſſene Land wieder abzugewinnen, zunächſt auf der Seite Hollands, ſeit dem Ende des ſiebzehnten Jahrhunderts auch auf der rechten Seite des Buſens. 1682 wurde der Charlottenpolder, 1752 der Landſchaftspolder, geſegnete Marſchländer, eingedeicht. Die Ems floß vor dem Einbruch des Dollart mit einem Bogen von kurzem Radius unmittelbar an der Stadt Emden vorüber, und die Seeſchiffe konnten vor ihren Thoren ankern. Als aber 1277 der hoch aufgeſtaute Fluß die Halbinſel Neſſerland zerriß und zur Inſel machte, bevorzugten die Gezeitenſtröme das nunmehr gerade gelegte Flußbett und ſpülten die ſeitwärts gelegene Stromſchlinge, das Emdener Fahrwaſſer nur mangelhaft, ſo daß dort ein fataler Schlickfall die Waſſertiefen raſch und ſtetig verminderte. „Emden,“ ſagt Krümmel, deſſen Abhandlung über die Haupttypen der natürlichen Seehäfen wir dieſe Mitteilungen entlehnt haben, „ſtand damals, im fünfzehnten und ſechzehnten Jahrhundert, unter den berühmten und blühenden Hanſa-

ſtädten vorn in erſter Reihe, was es dem Vorzug verdankte, daß die Schiffahrt auf der unteren Ems niemals durch Eis behindert wird; der Tuchhandel nach England und die nordiſche Fiſcherei auf Wale und Heringe beſchäftigten über 600 große Seeſchiffe, und an Unternehmungsgeiſt und Reichtum übertraf es unzweifelhaft das damalige Hamburg und Bremen. Der noch heute viel bewunderte Rathausbau entſtammt dieſer goldenen Zeit.“

Bei zunehmender Verſandung des Flußarmes am Ende des ſechzehnten Jahrhunderts ſtellten die Emdener unter großen Koſten und mit vieler Mühe den Zuſtand von 1277 vermittelſt des langen Dammes „Neßmer Höft“ wieder her. Die Ems wurde in ihr altes Bett zurückgeleitet, und Neſſerland wurde wieder zur Halbinſel. Im Verlaufe der Zeit waren aber Emdens Bewohner durch verſchiedene Umſtände verhindert, das Neßmer Höft zu erhalten. Dasſelbe verfiel und wurde im Jahre 1632 aufgegeben. Infolgedeſſen ſuchte der Fluß abermals ſein geradeaus führendes Bett auf, das alte, an Emden vorbeiziehende verſchlickte, und ſo liegt die Stadt denn heutzutage etwa 4 Kilometer von der Ems

Abb. 160. Strandſtraße in Borkum, vom Leuchtturm geſehen.
(Nach einer Photographie von Wolffram & Co. in Bremen.)

Abb. 161. Borkum. Flut.
(Nach einer Photographie von Wolffram & Co. in Bremen.)

entfernt. Der kurze Aufschwung von Handel und Schiffahrt, den Emden nach dem Frieden zu Basel 1795 erleben durfte, nahm durch die Kriege mit Napoleon, die Kontinentalsperre, die holländische und die französische Fremdherrschaft ein rasches Ende. Während dieser Zeiten wurden 278 Emdener Schiffe mit wertvoller Ladung in fremden Häfen fortgenommen. Emden wurde zum Rang einer kleinen Landstadt herabgedrückt. Auch das im Jahre 1846 mit großen Opfern von der Stadt geschaffene neue Fahrwasser nach der Ems konnte ihr nicht aufhelfen. In der Gegenwart ändert sich aber die Sachlage. Dadurch, daß die preußische Regierung die Unterhaltung des Hafens in Verbindung mit der Anlage des EmsJade-Kanals übernahm und eine neue Seeschleuse (120 Meter lang, 6,5 Meter tief und von 15 Meter nutzbarer Breite) schuf, die den Wasserspiegel beständig auf Hochwasser erhält, ferner umfangreiche Binnenhafenanlagen erstehen ließ, hat der Schiffsverkehr zugenommen und wird durch den weiteren Umstand, daß der Dortmund-Emshäfen-Kanal Emdens Handel ein großes Hinterland durch eine schiffbare, ihresgleichen suchende Wasserstraße erschlossen hat, noch weiter und glänzend gehoben werden (Abb. 127—129).

Nach einer Zusammenstellung des königl. Hafenamtes zu Emden aus dem laufenden Jahre über die Entwickelung des dortigen Schiffsverkehrs seit der Verstaatlichung des Hafens im Jahre 1888 betrug die Zahl der ein- und der ausgegangenen Schiffe:

1888: 806 Seeschiffe (33818 Registert.),
1209 Flußschiffe (18599 Registert.),
1893: 1022 Seeschiffe (51774 Registert.),
2938 Flußschiffe (42811 Registert.),
1899: 1319 Seeschiffe (141844 Registert.),
4290 Flußschiffe (70553 Registert.).

In der Berichtszeit hat sich also der Verkehr, was die Schiffszahl anlangt, beinahe, was den Raumgehalt der Fahrzeuge angeht, mehr als verdreifacht.

Der DortmundEmshäfen-Kanal liegt außerhalb des Bereiches unserer Betrachtungen, der EmsJade-Kanal jedoch, der Ostfriesland durchquert, gehört in unser Gebiet. Derselbe war ursprünglich geplant und angelegt, um die großen Moorflächen dieses Landes aufzuschließen und um

Abb. 162. Borkum. Nach der Flut.
(Nach einer Photographie von Wolffram & Co. in Bremen.)

in Kriegszeiten Wilhelmshaven von Ostfriesland her verproviantieren zu können, ferner
um die Entwässerung eines großen Teiles
dieser Provinz zu verbessern und um seine
Spülkraft für den Kriegshafen an der Nordsee zu verwerten. In Emden beginnt diese
Wasserstraße und endet im Neuen Hafen
zu Wilhelmshaven. Dieselbe ist 73 Kilometer lang. Mit Benutzung der älteren
Treckfahrt zwischen Emden und Aurich
wurde der Kanal von der preußischen im
Verein mit der Reichsregierung in den
Jahren 1880—1887 mit einem Kostenaufwand von 13 967 500 Mark gebaut.
Er ist im Wasserspiegel 18 Meter breit,
8,5 Meter auf seiner Sohle und in der
Mitte 2,1 Meter tief.
Vor der Mündung
bei Wilhelmshaven ist
diese Tiefe auf einen
Kilometer Strecke auf
3 Meter erhöht wor-
den. Fünf Schleusen,
mit je 33 Meter
Kammerlänge, 6,5
Meter lichter Weite
und 2,1 Meter Tiefe
befinden sich auf seiner
Gesamtlänge. Der
Schleuse in Wil-
helmshaven ist schon
früher gedacht worden;
ihre größeren Dimen-
sionen wurden im Hin-
blick auf eine spätere
Erweiterung der Was-
serstraße, die wohl ein-
mal in denjenigen des Dortmund-Emshäfen-
Kanals ausgebaut werden dürfte, gewählt.
Mit dem letzteren steht der Ems-Jade-
Kanal durch den Seitenkanal Oldersum-
Emden in Verbindung. Kleine Schrauben-
dampfer vermitteln den Güterverkehr und
die Passagierfahrten zwischen Emden-Aurich
und Aurich-Wilhelmshaven. Auf die Me-
lioration des von ihm durchzogenen Landes
wirkt der Kanal ungemein fördernd ein
(Marcardsmoor bei Wiesede). Die Baggerarbeiten in der Jade fördern jährlich etwa
200 000 Kubikmeter Schlick, wovon große
Mengen auf dem Kanal für die daran
belegenen Moorkolonien verschifft werden.
Das älteste Emden wurde auf einer
großen Werft, vielleicht der größten an der

ganzen Nordseeküste, 400 Morgen Fläche
umfassend und 10—12 Fuß über die
umliegende Marsch erhaben, erbaut. Daraus
entstand die später so bedeutende Handelsstadt. Gegenwärtig zählt Emden 14 800
Einwohner. Es bietet mancherlei Interessantes. Das im edelsten Renaissancestil
errichtete Rathaus aus den Jahren 1574
bis 1576 enthält wertvolle alte Waffen,
das Museum der Gesellschaft für Kunst
und vaterländische Altertümer, schöne Gemälde niederländischer Künstler, Münzen-
und Altertumssammlungen. Auch die Große
Kirche mit dem Denkmal des Grafen
Enno II. von Ostfriesland ist sehenswert.
Eine Kleinbahn führt von Emden in die

Abb. 163. Borkum. Ebbe.
(Nach einer Photographie von Wolffram & Co. in Bremen.)

Halbinsel Krumme Hörn. Die Leybucht,
welche dieselbe nördlich umgrenzt, ist wohl
erst durch die Flut im Jahre 1373 entstanden.
Die Marschen des Norderlandes im
Norden, der Rücken des Hochmoores im
Osten begrenzen das sich östlich an das
Emsiger Land anschließende Broekmer
Land, dessen Name von den vielen Wiesen-
mooren oder Brüchen, die seinen Boden
bedecken, kommt. Es war in den Zeiten
des Mittelalters seiner vier ansehnlichen
Kirchspiele Marienhave, Utengerhave, Victor-
have und Lambertshave wegen berühmt.
Marienhave stand, bevor die Eindeichungen
an der Ostseite der Ley zustande gekommen
waren, durch ein vertieftes Fahrwasser, das

Abb. 164. Borkum. Im alten Dorf.
(Nach einer Photographie von Wolfsram & Co. in Bremen.)

Störtebeckers Tief, in Verbindung mit der See und bot den Vitalienbrüdern einen Zufluchtsort. Auf dem quer durch das sonst unwegsame Hochmoor verlaufenden, sich bis Esens und Wittmund hinziehenden und zuweilen sogar von Dünen besetzten Geestrücken, über welchen der Verbindungsweg von der Ems zur Nordküste Frieslands dahingeht, lag die von zehn Dörfern umgebene Kirche von Lambertushave. Eines dieser letzteren, Aurichhave oder Aurike, überflügelte die übrigen und wurde von den Cirksena, den Fürsten des Landes, zu ihrer Residenz erhoben. Die heutzutage 5900 Einwohner zählende Stadt Aurich, Hauptort des Regierungsbezirks, Gewerbe und Handel betreibend, bekannt durch ihren starken Gartenbau und ihren bedeutenden Pferdemarkt, ist daraus entstanden. Südlich von Aurich, bei Rahe, erhebt sich ein kleiner, rasenbewachsener Hügel, der von niedrigem Gesträpp umgeben ist. Vor Zeiten trug sein Scheitel drei hohe Eichen, und hier, am Upstallsboom (Obergerichtsbaum) kamen die Abgeordneten von ganz Friesland zusammen, um über Landfriedensbündnisse oder kriegerische Dinge zu beraten. Im Osten von Aurich dehnt sich das Hochmoor und weites Heidegebiet aus bis an die Marschen Wangerlandes. Dieser Teil, die ödeste Strecke Ostfrieslands, bildete ehemals zusammen mit dem früheren Amte Friedburg und dem schon im Marschlande liegenden Gebiete von Neustadt-Gödens das Land Ostringen. Die Marschen an der Nordsee zerfallen in das Nordernerland im Westen, etwa mit Dornum als Ostgrenze; die nachher zu besprechenden Eilande Norderney und Baltrum gehören dazu. Von der Gegend von Dornum bis an die oldenburgischen Marken, Langeoog und Spiekeroog in sich einbegreifend, reicht das etwa 400 Quadratkilometer umfassende Harlinger Land. Ein tiefer Busen, die Harlbucht, die trichterförmig in das Land eingriff und südlich bis Wittmund vordrang, trennte dasselbe noch bis in das sechzehnte Jahrhundert hinein vom Wangerlande. 1547 wurde mit den Eindeichungen der Anfang gemacht. Wittmund, Esens und Stedesdorf waren die drei Häuptlingschaften vom Harlinger Land, dessen Herrscher zwar die Cirksena als Nachfolger der alten Häuptlingsfamilie des Sibo waren, das aber nur durch Personalunion mit Ostfriesland verbunden gewesen ist. Erst durch Preußen wurde es 1745 mit letzterem vereinigt. Norden mit 7000 Einwohnern, an einem zum Leybusen führenden Kanal, mit viel Gewerbsamkeit (Geneverbrennereien, Zuckerwarenfabrikation, Tabakindustrie) und Handel, hat einen architektonisch schönen Marktplatz (s. Abb. 130 u. 131). Vier Kilometer davon liegt Norddeich, die Dampferstation für Nordernen. Eine Eisenbahnlinie verbindet Norden über Georgsheil, von wo sich ein Schienenstrang nach Aurich abzweigt, mit Emden, und längs der Marsch über Esens, einer Stadt mit etwa 2100 Seelen, die durch das Benser Siel mit dem Meere verbunden ist, sowie Wittmund und Jever. Das erstere ist durch das Harletief für kleinere Fahrzeuge vom Meere her erreichbar. Es hat nicht unbedeutenden Viehhandel. Nördlich davon, an der See, liegt Carolinensiel mit gutem Hafen und aufblühendem Handel.

Eine Gesamtlänge von 90 Kilometer hat die Kette der ostfriesischen Inseln, die sich von der Jade im Osten bis zur Westerems hinzieht und erst eine ost-westliche Richtung bis einschließlich Norderney einnimmt, um dann mit den beiden westlichsten dieser Eilande, mit Juist und Borkum, nach Süden abzuweichen. Im Osten beginnt die Kette mit dem unter Oldenburgs Oberhoheit stehenden Wangeroog, nach Westen zu folgen Spiekeroog, Langeoog, Baltrum, Norderney, Juist und Borkum, zum Regierungsbezirk Aurich gehörig. Schmale Seegate trennen die einzelnen Eilande voneinander, bis auf das mitten im äußersten Mündungstrichter der Ems belegene Borkum, und mit Ausnahme dieses letzteren sind die Inseln auch alle wattfest. Ihre Größe ist verschieden angegeben worden, je nachdem man nur die Dünen und das bewachsene Grasland, oder auch den oft weit ausgedehnten Strand mit einbezieht. Wenn man als diesen letzteren das bei gewöhnlichem

Hochwasser noch unbenutzte Areal begreift, so würde der Flächenraum der Inseln etwa 80 Quadratkilometer ausmachen. Der Körper der Eilande besteht aus einem sehr gleichmäßigen und feinen gelblich weißen Sande mit Beimengung von zahlreichen Titaneisenkörnern und von Kalk, dem Überreste der zerriebenen Muschelschalen, und diese gesamten Sandmassen ruhen wiederum entweder auf alten Sandbänken oder auf dem Schlick der Wattwiesen. Auch auf den ostfriesischen Inseln tritt uns die Dünenbildung in großartiger Weise entgegen. Buchenau, dem wir eine interessante und sehr wertvolle Darstellung dieser Eilande und ihrer Flora verdanken, schildert dieselbe wie folgt:

„Dem mannigfachen Aufbau der Dünen entsprechend ist denn auch der Anblick unserer Inseln ein überraschender. Er bietet sich am besten auf dem Watt von einem Fährschiff aus dar. Die Insel mit ihren mannigfach eingeschnittenen Erhebungen gleicht dann einem fernen Hochgebirge, und die Schwierigkeit der Schätzung von Entfernungen und Höhen auf der Wasserfläche verstärkt diesen Eindruck für den Landbewohner noch sehr. Das Gewirre der Sandhügel ahmt steile Gipfel und ausgedehnte Schneefelder, schroffe Einstürze und plötzliche Gletscherabstürze nach, und vor ihnen dehnen sich scheinbar bewaldete Berge und die flache Kulturebene aus."

Bäume gedeihen nur im unmittelbaren Schutze der Dünen und Häuser. Auf den Dünen wachsen der Dünenweizen, die Dünen-

Abb. 165. Landungsbrücke von Borkum.
(Nach einer Photographie von Wolfram & Co. in Bremen.)

gerste und besonders der Dünenhafer oder
Helm, der bekanntlich durch seine Stöcke
dazu beiträgt, die Düne zu erhöhen, und
durch seine zähen, bis 5 Meter Länge
erreichenden Wurzelausläufer mit ihren zahlreichen, nicht minder langen, geschlängelten
Wurzeln die Düne durchzieht und sie auf
solche Weise festigen hilft. Auf den Watt-
weiden grünen die Meerstrandbinse und der
Krückfuß, in den Dünenthälern die Zwerg-
weide, der stachelige Sanddorn u. s. f. Die
Gesamtzahl der auf den ostfriesischen Inseln
einheimischen höheren Gewächse beträgt etwa
400 Arten.

Unter der Tierwelt zeichnet sich der hier
ungewöhnlich häufige Kuckuck aus, Strand-
und Wasservögel beleben die Inselwelt,
Fledermäuse, die Wühlmäuse und am
Strande die Seehunde vertreten die Säuger,
die früher hier zahlreichen Kaninchen sind
ausgerottet worden. In neuerer Zeit wurden
Hasen eingeführt, die sich auf einigen Inseln,
so auf Langeoog, sehr vermehrt haben.

Die Bevölkerung ist echt friesisch; sie
treibt Schiffahrt, Fischfang und da, wo es
geht, etwas Ackerbau, so die Kartoffelkultur,
immerhin aber nur in sehr beschränktem
Maße. Die meisten ostfriesischen Inseln
besitzen Rettungsstationen, und auf allen
sind Nordseebäder, die, wie Borkum und
Norderney, Weltberühmtheit erlangt haben.
Das letztgenannte Eiland hat das besuchteste
deutsche Nordseebad überhaupt und zählt
jährlich etwa 24000 Badegäste. Starke
Uferschutzwälle halten an den dem Andrang
der Fluten ausgesetzten Stellen die brandenden Wogen der Nordsee ab und tragen
zur Sicherung der auf den Inseln befindlichen Dörfer und Wohnstätten bei.

Wangeroog (Abb. 132—134) steht über
Karolinensiel-Harle mit dem Festlande in
Verbindung. Als Seebad ist die Insel
schon seit dem Jahre 1819 bekannt. Kirche
und Insel befinden sich auf dem Eiland.
Spiekeroog (Abb. 135—137) ist auf demselben Wege oder über Esens und Neu-
Harlingersiel zu erreichen, und vom Dorfe
bis zum Strand führt eine Pferdebahn.
Auf Langeoog, das 1717 durch die Wogen
mitten durchgerissen worden ist, so daß
Kirche und Dorf zerstört wurden, ist ein
vom Kloster Loccum verwaltetes Hospiz;
das dortige aufblühende Seebad ist, wie
dasjenige von Spiekeroog einfacheren Ver-

hältnissen angepaßt (Abb. 138—142). Über
Esens und Benserfiel gelangt man dorthin,
und über Dornum und Neßmersiel nach
Baltrum, der kleinsten der sieben ostfriesischen
Inseln, die ein Ost- und ein Westdorf besitzt
(Abb. 143—148). Nach der Flut vom
Jahre 1825 mußten Dorf und Kirche, die
an der Westseite der Insel gelegen hatten,
nach deren Mitte übertragen werden.

Norderney ist 13 Kilometer lang und
4 Kilometer breit; an der Südwestecke
der Insel erhebt sich das gegenwärtig 3000
Seelen zählende gleichnamige Dorf. In
der schönen Sommerszeit ist das unter staat-
licher Verwaltung stehende Seebad Norderney ein Modebad im vollen Sinne des
Wortes, mit allen Annehmlichkeiten und
jedem nur denkbaren Komfort, das Ostende
und Blankenberghe in den Schatten stellt.
Ein schön und zweckmäßig eingerichtetes
Konversationshaus, großartige Gasthöfe,
praktische Badehäuser, auch für warme Seebäder, wie sich solche übrigens auch auf der
Mehrzahl der anderen ostfriesischen Inseln
finden, gut ausgerüstete Verkaufsläden und
dergleichen Dinge mehr befinden sich hier.
Am nördlichen Strande steht der bekannte
Restaurationspavillon, die Giftbude. In
Norderney hat der Verein für Kinderheilstätten an den Seeküsten ein zur Aufnahme
von 240 Kindern eingerichtetes Seehospiz
erbaut, das unter dem Protektorate der
Kaiserin Friedrich steht, ebenso ist auf der
Insel eine evangelische Diakonissenanstalt
zur Heilung skrophulöser Kinder, zwei Unternehmungen, die seit der Zeit ihres Bestehens
schon vielen Segen gestiftet und manchem
kranken Kinde wieder zur Gesundheit ver-
holfen haben (Abb. 149—155).

Im Osten ist Norderney von 11—15
Meter hohen Dünen bedeckt, im Süden
steigt der 54 Meter hohe, einen prächtigen
Rundblick gewährende Leuchtturm auf, nördlich davon erhebt sich der höchste Punkt
der Insel, die nunmehr mit Helm bepflanzte,
früher aber kahle Weiße Düne.

Während der tiefen Ebbe ist Norderney
vom Festlande aus durch das seichte Watt
trockenen Fußes zu erreichen. Auch der
Postwagen fährt dann über die Watten.

Das langgestreckte Juist hing in alten
Zeiten mit Borkum zusammen. Im drei-
zehnten Jahrhundert soll eine grausige
Wasserflut beide Eilande voneinander ge-

trennt haben. Der Pastor Janus zu Juist war zu Ausgang des achtzehnten Jahrhunderts der erste, der, wenn auch damals ohne Erfolg, auf die heilsamen Wirkungen der Seebäder hingewiesen hat. Juists Bedeutung als Seebad nimmt jährlich zu. Gegenwärtig ist der Landungsplatz mit dem Dorfe bereits durch eine Eisenbahn verbunden (Abb. 156 u. 157).

Man fährt nach Norderney und Juist über Norden und Norddeich. Norderney ist außerdem noch in direktem Seeverkehr mit Bremen und Hamburg durch Schiffe der Hamburger Nordseelinie, die auch nach Borkum fahren. Letzteres erreicht man auch mittels Dampfboot von Emden oder von Leer aus.

Das 8 Kilometer lange und 4 Kilometer breite Borkum, das Burchana oder Fabaria der Römer, hat durch die Sturmfluten in früheren Jahrhunderten viel zu leiden gehabt. Nunmehr ist die in West- und Ostland zerfallende Insel ein sehr emporstrebender und vielbesuchter Badeort, der Norderney nicht allzusehr nachstehen dürfte (jährlich 14000 Badegäste) und einen vorzüglichen Badestrand besitzt. Der Hauptort liegt auf dem Westlande; in demselben ragen die beiden Leuchttürme empor, der alte, 47 Meter hohe, und der neue, 60 Meter Höhe aufweisende und ein Blinkfeuer erster Ordnung besitzende (Abb. 158—165). Der Ort selbst steht mit der Landungsbrücke durch eine Eisenbahn in Verbindung. Borkums Weiden ernähren einen ansehnlichen Viehstand. Eine Eigentümlichkeit der Insel bilden die aus Walfischknochen hergestellten Straßenzäune. Ansehnliche Brutstätten von vielerlei Seevögeln liegen auf Borkums Ostlande, in noch größerem Maße ist dies auf Rottum der Fall, einem westwärts von Borkum belegenen und schon Holland zugehörigen Eiland.

Hier sind wir am Ziele unserer Reise angelangt. Hoch oben, im Norden Schleswigs, bei Endrup haben wir den Wanderstab in die Hand genommen, an der Nordwestgrenze des Reiches, angesichts der holländischen Küste, stellen wir denselben wieder beiseite. Unsern Lesern aber, die uns auf dieser langen Fahrt begleitet haben, die mit durch die großen Hansestädte, durch die alten Flecken und die reichen Dörfer gezogen sind, über die schwermütig stimmende Heide, das düstere und öde Moorland oder in die fetten Marschen, und dann hinaus an den vom frischen und lebendigen Hauch der brandenden Nordsee durchwehten Inselstrand mit seinem weißblinkenden Dünensaum, sagen wir ein herzliches Lebewohl!

Einige der wichtigsten Quellenwerke und Abhandlungen zu dem vorliegenden Buche.

Allmers, Hermann. Marschenbuch. Land= und Volksbilder aus den Marschen der Weser und Elbe. Dritte Auflage. Oldenburg und Leipzig. Ohne Jahreszahl.

Boysen, L. Dr. Statistische Übersichten über die Provinz Schleswig=Holstein. Kiel und Leipzig, 1892.

Buchenau, Dr. F. Über die ostfriesischen Inseln und ihre Flora. (Verhandlungen des elften deutschen Geographentages zu Bremen, 1895.) Berlin, 1896.

Bücking, H., Baurat in Bremen. Die Unterweser und ihre Korrektion. (Verhandlungen des elften deutschen Geographentages zu Bremen, 1895.) Berlin, 1896.

Eckermann, Baurat in Kiel. Verschiedene Abhandlungen über die Geschichte der Eindeichungen an der Westküste Schleswig=Holsteins. (Zeitschrift der Gesellschaft für Schleswig=Holstein=Lauenburgische Geschichte.) Kiel.

Eilker, Georg. Die Sturmfluten der Nordsee. Emden, 1877.

Festschrift zur fünfzigjährigen Jubelfeier des Provinzial=Vereins zu Bremervörde (Regierungsbezirk Stade). Stade, 1885.

Guthe, H. Die Lande Braunschweig und Hannover, mit Rücksicht auf ihre Nachbargebiete geographisch dargestellt. Hannover, 1867.

Haage, Reinhold. Die deutsche Nordseeküste in physikalischer und morphologischer Hinsicht. (Inauguraldissertation) Leipzig, 1899.

Haas, H., Krumm, H. und Stoltenberg, Fritz. Schleswig=Holstein meerumschlungen in Wort und Bild. Kiel, 1897.

Hahn, F. G. Die Städte der norddeutschen Tiefebene in ihrer Beziehung zur Bodengestaltung. Stuttgart, 1885.

Hansen, C. P. Chronik der friesischen Uthlande. Altona, 1856.

Hansen, Reimer. Beiträge zur Geschichte und Geographie Nordfrieslands im Mittelalter. (Zeitschrift der Gesellschaft für Schleswig=Holstein=Lauenburgische Geschichte, Bd. 24.) Kiel, 1894.

Jensen, Chr. Die nordfriesischen Inseln Sylt, Föhr, Amrum und die Halligen vormals und jetzt. Hamburg, 1891.

Krümmel, Otto. Die geographische Entwickelung der Nordsee. Ausland.

Lepsius, R. Geologische Karte des Deutschen Reiches. Gotha, 1894—1897.

Meiborg, R. Das Bauernhaus im Herzogtum Schleswig und das Leben des schleswigschen Bauernstandes im 16., 17. und 18. Jahrhundert. Deutsche Ausgabe besorgt von R. Haupt. Schleswig, 1896.

Meyn, Ludwig. Geographische Beschreibung der Insel Sylt und ihrer Umgebung. Berlin.

Meyn, L. Geologische Übersichtskarte der Provinz Schleswig=Holstein 1 : 300000. Berlin, 1881.

Nauticus. Jahrbuch für Deutschlands Seeinteressen. Berlin, 1899.

Reventlow, Graf Arthur von. Über Marschbildung an der Küste des Herzogtums Schleswig und die Mittel zur Beförderung derselben. Kiel, 1863.

Salfeld, Dr. Die Hochmoore auf dem früheren Weser=Delta. (Zeitschrift der Gesellschaft für Erdkunde zu Berlin, 16. Bd.) Berlin, 1881.

Schröder, J. von und Herm. Biernatzki. Topographie der Herzogtümer Holstein und Lauenburg, des Fürstentums Lübeck und des Gebiets der Freien und Hanse=Städte Hamburg und Lübeck. Oldenburg i. Holstein, 1855 bis 1856.

Schröder, J. von. Topographie des Herzogtums Schleswig. Schleswig, 1837.

Seelhorst, C. von. Acker= und Wiesenbau auf Moorboden. Berlin, 1892.

Segel=Handbuch für die Nordsee, herausgegeben von dem hydrographischen Amte der Admiralität. Erstes Heft. Berlin, 1884.

Tacke, Dr. Br. Die nordwestdeutschen Moore, ihre Nutzbarmachung und ihre volkswirtschaftliche Bedeutung. (Verhandlungen des elften deutschen Geographentages zu Bremen, 1896.) Berlin, 1896.

Tittel, Ernst. Die natürlichen Verhältnisse Helgolands und die Quellen über dieselben. (Inauguraldissertation.) Leipzig, 1894.

Traeger, Eugen. Die Halligen der Nordsee. Stuttgart, 1892.

Traeger, Eugen. Die Rettung der Halligen und die Zukunft der schleswig=holsteinischen Nordseewatten. Stuttgart, 1900.

Vierteljahrsheft zur Statistik des Deutschen Reichs, herausgegeben vom kaiserlichen statistischen Amt. Siebenter Jahrgang, 1898. Berlin, 1898.

Wichmann, E. H. Die Elbmarschen. (Zeitschrift der Gesellschaft für Erdkunde zu Berlin, 20. Bd.) Berlin, 1885.

Register.

DIE DEUTSCHE NORDSEEKÜSTE.

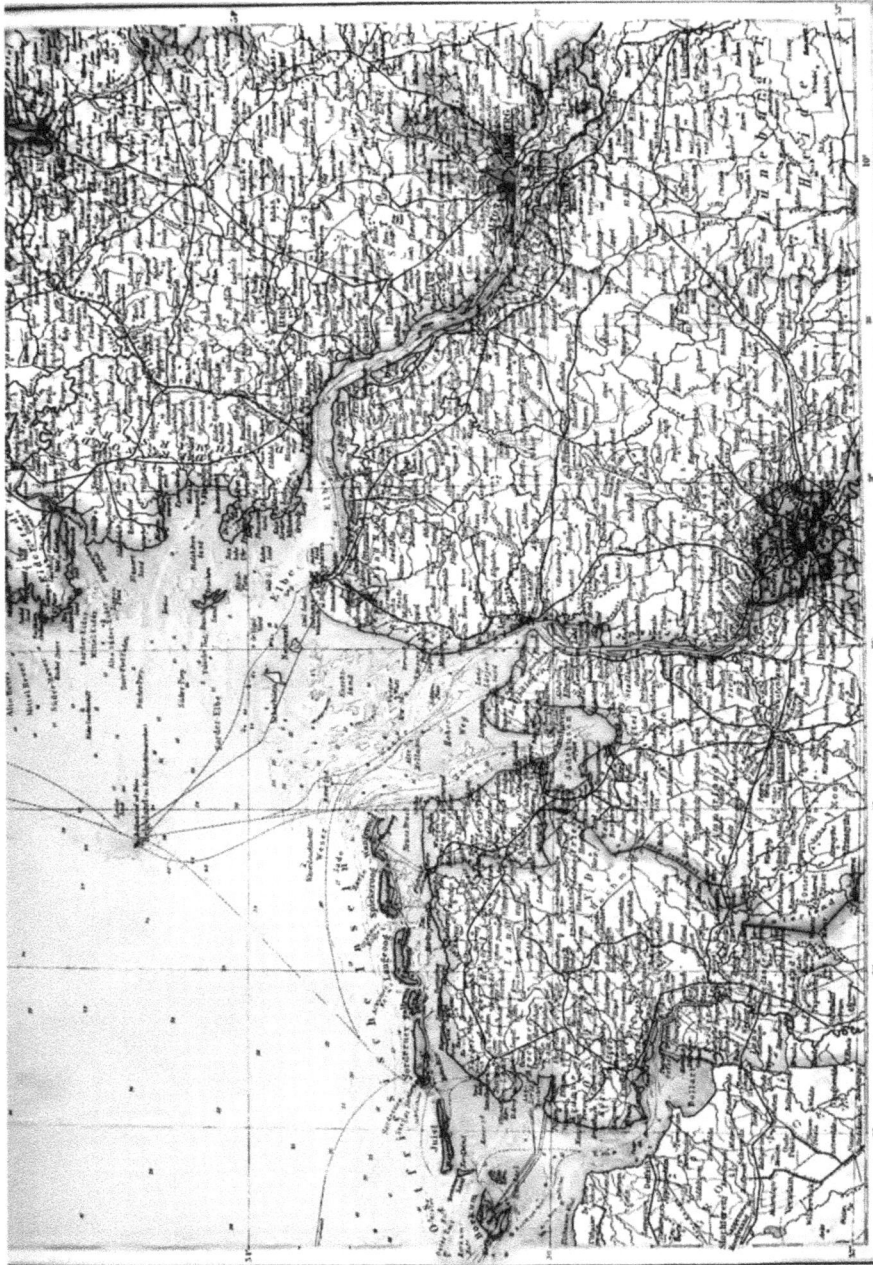

www.ingramcontent.com/pod-product-compliance
Lightning Source LLC
Chambersburg PA
CBHW021712210326
41599CB00013B/1623